콘크리트 실무 매뉴얼 KCI PM207.1-13

폴리머 콘크리트 복합체의 제조 및 시공

폴리머콘크리트위원회

사단법인 한국콘크리트학회 Korea Concrete Institute

이 도서의 국립중앙도서관 출판시도서목록(CIP)은 서지정보유통지원시스템 홈페이지(http://seoji.nl.go.kr)와
국가자료공동목록시스템(http://www.nl.go.kr/kolisnet)에서 이용하실 수 있습니다.(CIP제어번호: CIP2013004710)

발간사

학회 본연의 가장 큰 역할은 해당 분야의 학문과 기술을 향상시킬 수 있도록 하는 것이라고 봅니다. 이러한 측면에서 우리 학회는 창립 이후 학회지, 논문집 등을 비롯하여 많은 문헌을 출간하여 왔으며, 이에 더하여 학회 20주년을 기념하여 보다 체계적인 참고문헌을 발간하기 위하여 '콘크리트실무지침편찬특별위원회'를 구성하여 전문서적 발간을 준비하였습니다.

이 특별위원회(위원장 김상식 명예회원)는 2009년에 처음으로 구성되어 많은 노력 끝에 2010년 말 처음으로 『해양 콘크리트의 염해 내구성 및 설계』, 『매스 콘크리트의 온도균열 제어』, 『고유동 콘크리트의 제조 및 시공』, 『콘크리트 구조물 이음의 설계 및 시공』, 『콘크리트 양생』 등 5권의 실무매뉴얼을 발간한 바 있습니다. 그 후 2011년 특별위원회는 학회 연구전문위원회의 도움을 받아 출판을 기획하여 『건축 포스트텐션 시스템』, 『PS 긴장재의 시공, 긴장관리 및 그라우팅』, 『콘크리트 장기거동 해석 및 적용』, 『폴리머 콘크리트 복합체의 제조 및 시공』, 『콘크리트 구조물의 방수기술』, 『레디믹스트 콘크리트 품질문제의 원인 및 대책』, 『콘크리트 제조, 운반 및 타설』 등 7개의 실무매뉴얼을 이번에 발간하게 되었습니다. 또한 2012년에 기획되어 현재 7개의 실무매뉴얼이 내년 초 발간 예정으로 준비하고 있습니다. 지난 번 발간사에서도 밝힌 바와 같이 이번 발간물도 마지막이 아니고 앞으로 계속 많은 실무매뉴얼이 발간될 예정이며, 이미 발간된 실무매뉴얼도 계속 수정해 나갈 것입니다. 아무쪼록 집필자들의 노력으로 발간된 각종 실무매뉴얼들이 회원과 독자 여러분에게 큰 도움이 되기를 바랍니다.

끝으로 지난 2년 동안 어려운 여건 속에서도 열심히 노력하시어 실무매뉴얼을 작성하여 주신 집필책임자 강현구 회원, 김지상 회원, 지광습 회원, 김완기 회원, 배기선 회원, 한천구 회원, 김순환 회원과 집필위원 여러분에게 감사드리며, 세심한 검토를 하여 주신 특별위원회 여러 위원님들에게도 감사드립니다.

2012. 12.
사단법인 한국콘크리트학회
콘크리트실무지침편찬특별위원회 위원장 김 진 근
학회 회장 (12대) 심 종 성

머리말

콘크리트는 결합재 상과 분산재 상으로 이루어진 2상계 복합재료라 할 수 있습니다. 전형적인 무기 시멘트인 포틀랜드 시멘트를 이용한 시멘트 콘크리트는 일반적인 건축재료이나, 그 결합재인 시멘트 수화물에 기인하는 결점을 개선할 목적으로 폴리머(polymer, 고분자)를 이용하여 시멘트 콘크리트의 결합재인 시멘트의 일부 또는 전부를 대체하거나 강화시킨 재료를 '폴리머 콘크리트 복합체'라 합니다.

폴리머 콘크리트 복합체는 무기재료인 시멘트 콘크리트와 유기재료인 폴리머를 적절히 사용하면 역학적 특성이나 내구성 등이 탁월한 건설재료가 됩니다. 그럼에도 불구하고 현재 시공지침이 될 수 있는 매뉴얼이 없는 관계로 한국콘크리트학회 폴리머콘크리트위원회(KCI-207)에서는 현장에 종사하는 실무자들이 참고할 수 있는 '폴리머 콘크리트 복합체의 제조 및 시공' 매뉴얼을 집필하게 되었습니다.

이 매뉴얼은 전체 5장으로 구성하여 1장에서는 폴리머 콘크리트 복합체의 개념을 정리하였고, 2장에서는 그 사용 재료, 제조·시공법 및 용도에 대하여 설명하였습니다. 3장에서는 폴리머 콘크리트 복합체의 적용 사례와 사용법을 구체적으로 기술하였습니다. 4장에서는 최근 전 세계적으로 그 사용량이 급증하고 있는 분말 상의 유·무기 재료를 건비빔한 드라이믹스 모르타르의 배합 기술을 다루었습니다. 마지막으로 5장에서는 향후 기대되는 폴리머 콘크리트 복합체를 소개하였습니다. 향후 건설 기술인 여러분들께서 수정 또는 개선해야 할 사항을 알려주시면 적극 반영하여 보다 유용한 매뉴얼로 거듭나도록 만들겠습니다.

그동안 집필에 힘써 주신 삼성정밀화학의 최낙운 박사님, 청운대학교 조영국 교수님, 주성대학교 이윤수 교수님, 상지대학교 주명기 교수님, 영남대학교 형원길 교수님, 그리고 유용한 자료를 제공해주신 일본대학 명예교수인 Ohama Yoshihiko 교수님과 동경 가정대학의 Shirai Atsushi 교수님, 삼성정밀화학의 김성훈 연구원님, 협성대학교 이재화, 김주영 대학원생에게 감사드리며, 아낌없는 조언을 해주신 소양섭 교수님, 연규석 교수님, 황의환 교수님을 포함한 폴리머콘크리트위원회의 모든 위원님들께 감사의 말씀을 드립니다. 또한 각별한 애정으로 실무매뉴얼 집필을 총괄하시고 지속적인 조언과 최종 교정을 해주신 김진근 전 학회장님과 김상식 교수님께 깊은 감사를 드립니다.

2012. 12.

폴리머콘크리트위원회(KCI-207) 위원장 김 완 기

집필위원

집필책임자	김완기(협성대학교)
집 필 위 원	최낙운(삼성정밀화학(주)), 조영국(청운대학교), 이윤수(주성대학교), 주명기(상지대학교) 형원길(영남대학교), Ohama Yoshihiko(일본대학)

검토위원

검 토 위 원	김상식(인하대학교), 김진근(KAIST), 연규석(강원대학교), 소양섭(전북대학교) 황의환(공주대학교)

심의위원

위 원 장	최기봉(가천대학교)
위 원	김진근(KAIST), 노병철(상지대학교), 신영수(이화여자대학교), 이재연(목원대학교) 장일영(금오공과대학교), 정란(단국대학교), 최창식(한양대학교), 최연왕(세명대학교)

기획 / 실무지침편찬특별위원회

위 원 장	김진근(KAIST)
고 문	김상식(인하대학교), 정영수(중앙대학교), 정하선(KCI 공학연구소)
간 사	배수호(안동대학교)
위 원	김대중(삼성물산(주)건설부문), 김은겸(서울과학기술대학교) 김종호((주)창민우컨설탄트), 박홍근(서울대학교), 박홍기((주)태조엔지니어링) 서석구((주)서영엔지니어링), 신현목(성균관대학교), 연규석(강원대학교) 이광명(성균관대학교), 이왕희(현대산업개발(주)), 이재연(목원대학교) 정광량((주)동양구조안전기술), 최동욱(한경대학교), 한천구(청주대학교)

차 례

03장 폴리머 콘크리트 복합체의 적용 사례와 사용법

제 1 장

폴리머 콘크리트 복합체

1.1 개요

콘크리트는 넓은 의미에서 무기 시멘트 등의 매트릭스 상과 잔골재와 굵은골재 등의 분산 상으로 완성되는 2상계 복합재료이다. 전형적인 무기 시멘트인 포틀랜드 시멘트를 이용한 시멘트 콘크리트는 일반적인 건설재료이지만 그 결합재인 시멘트 수화물에 의한 결점, 예를 들면 늦은 경화, 작은 휨 및 인장강도, 큰 건조수축, 낮은 내약품성 등을 가지고 있다. 이러한 결점을 개선할 목적으로 폴리머(polymer, 중합체 또는 고분자)를 이용해 시멘트 콘크리트의 결합재인 시멘트 수화물의 일부 또는 전부를 대체하거나 혹은 강화한 재료를 폴리머 콘크리트 복합체(polymer-concrete composite)라 총칭한다. 폴리머는 넓은 의미로 유기 고분자 재료 전반을 가리킨다. 지금까지 일본에서는 폴리머 콘크리트 또는 플라스틱 콘크리트라 불렸지만 국제적으로 보급된 용어와 다르므로 이는 바람직하지 않다. 폴리머 콘크리트 복합체는 제조원리의 차이에 의해 폴리머 시멘트 콘크리트(polymer-modified concrete 또는 polymer-cement concrete, 약칭 ; PMC 또는 PCC), 폴리머 콘크리트(polymer-concrete, 약칭 ; PC) 및 폴리머 함침 콘크리트(polymer-impregnated concrete, 약칭 ; PIC)의 3종류로 구별된다. 그림 1.1은 폴리머 콘크리트 복합체의 체계 및 분류를 나타낸 것이다. 여기서, 콘크리트라고 하는 용어는 넓은 의미로 모르타르를 포함하며 또 좁은 의미로는 굵은골재를 이용한 것만을 대상으로 하고 있다.

폴리머 콘크리트 복합체에 의한 연구개발의 역사는 각 나라마다 그 배경에 따라 차이가 있지만, 본격화된 것은 1950~1960년대이다. 이 시기부터 오늘에 이르기까지 폴리머 콘크리트 복합체의 연구·개발이 적극적으로 행해져 현재 미국, 러시아, 영국, 독일, 일본이 5대 선진국으로 꼽히고 있다. 이러한 나라에서는 폴리머 콘크리트 복합체가 이미 인기있는 건설재료로 자리 잡고 있다.

표 1.1은 폴리머 콘크리트 복합체에 관한 주요한 규격, 기준 및 시방서이다. 또한 ICPIC(International Congress on Polymers in Concrete)에서는 폴리머 콘크리트 복합체 보급활동의 일환으로써 세계 각국에서 국제회의를 개최하고 있다.

이 장에서는 앞에서 제시한 분류에 따라 폴리머 시멘트 콘크리트 및 모르타르, 폴리머 콘크리트 및 모르타르, 폴리머 함침 콘크리트 및 모르타르의 정의 및 개질의 원리에 대해 설명한다.

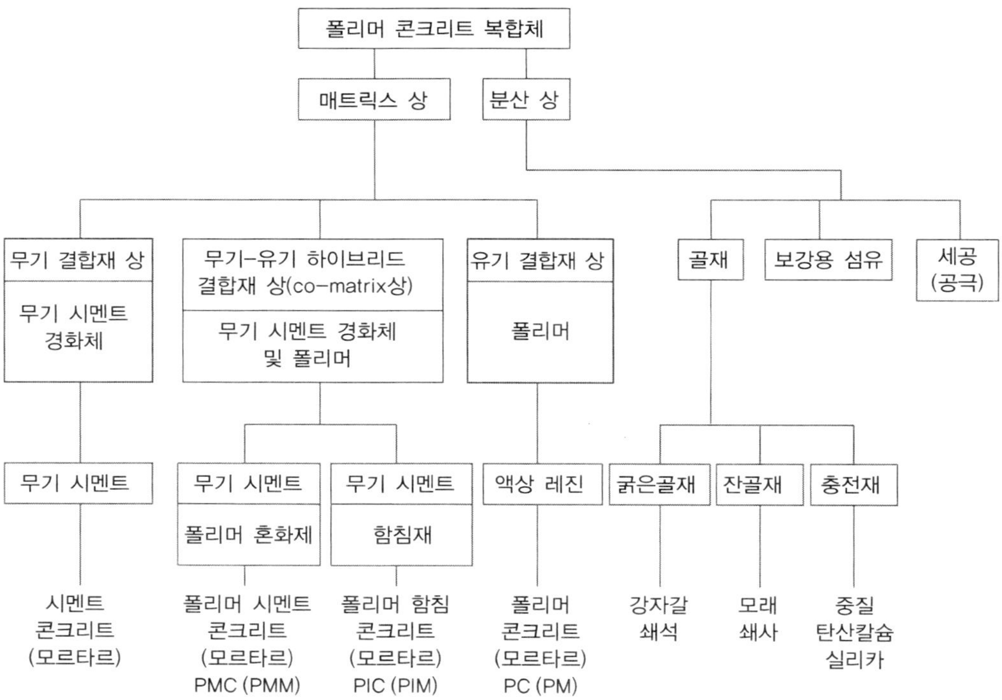

그림 1.1 **폴리머 콘크리트 복합체의 체계 및 분류**

표 1.1 **폴리머 콘크리트 복합체 관련 주요 규격, 기준, 지침 및 시방서**

종류	대상이 되는 폴리머 콘크리트 복합체	명칭(번호)
ASTM	PC	ASTM C267, 307, 308, 321, 395, 399, 413, 531, 579, 580, 658, 881, 882, 884, 905 ASTM D3262, 3517, 3840
JIS	PMC	JIS A 1171, 6203, 6909, 6916
	PC	JIS A 1181~1186, 5350
BS	PMC 및 PC	BS 6319 Part1~12
DIN	PC	DIN 51290-1~4
GOST	PC	GOST 25246-82, 25991-83
JCI 기준(안)	PMC	폴리머 시멘트 모르타르의 시험 방법 (1)~(17)
Federal Ministry for Transport 기준 (독일)	PMC	TP BE-PCC, TL BE-PCC
	PC	TP BE-PC, TL BE-PC
Society of Plastics Industry 기준 (미국)	PC	SPI Polymer Concrete Test Methods (1.0)~(14.0)
ACI 지침 (미국)	PMC, PC 및 PIC	ACI 548.1R Guide for the Use of Polymers in Concrete
	PC	ACI 548.5R Guide for Polymer Concrete Overlays
일본재료학회 지침(안)	PC	폴리에스테르 레진 콘크리트의 구조설계 계산 지침 폴리에스테르 레진 콘크리트의 배합설계 방법
일본건축학회 지침(안)	PMC, PC 및 PIC	폴리머 콘크리트 복합체의 시공지침 철근콘크리트조 건축물의 내구성 조사 · 진단 및 보수 지침
CIS 지침(러시아)	PC	VSN-12-84 Instructions for Design of Reinforced Polymer Concrete Building Structuresand Components SN-525-80 Instructions for Technology of Making Polymer Concreteand Polymer Structures
ACI 표준시방서(미국)	PMC	ACI 548.4 Standard Specification for Latex-Modified Concrete (LMC) Overlays ACI 503.4 Standard Specification for Repairing Concrete with Epoxy Mortars
토목학회 기준 (일본)	PMC	JSCE-K543 (콘크리트 구조물 보수용 폴리머 시멘트계 균열 주입재의 시험 방법)
		JSCE-K553 (콘크리트 구조물 보수 · 보강용 폴리머 시멘트계 충전재의 시험 방법)

1.2 정의 및 개질의 원리

1.2.1 폴리머 시멘트 콘크리트 및 모르타르

폴리머 시멘트 콘크리트 및 모르타르는 시멘트 콘크리트 및 모르타르의 결합재 일부를 폴리머로 대체한 것으로 시멘트 콘크리트 및 모르타르에 폴리머 혼화제(polymeric admixture, polymeric modifier라고 부른다)를 합하여 만들어지는데, 이 경우 통상의 화학 혼화제보다 시멘트에 대해서 5% 이상(질량분율)의 많은 폴리머가 혼화된다. 폴리머 시멘트 콘크리트 및 모르타르가 경화될 때는 시멘트의 수화와 폴리머 필름의 형성이 동시에 진행되어 폴리머의 망상구조를 포함한 일체화된 매트릭스 상, 즉 "유·무기 하이브리드 결합재 상"이 형성된다. 그림 1.2는 "유·무기 하이브리드 결합재 상"의 형성 과정 모델이다[1]. 이러한 "유·무기 하이브리드 결합재 상"에 의해 골재가 강고하게 결합되면 시멘트 콘크리트 및 모르타르의 성질이 큰 폭으로 개선된다.

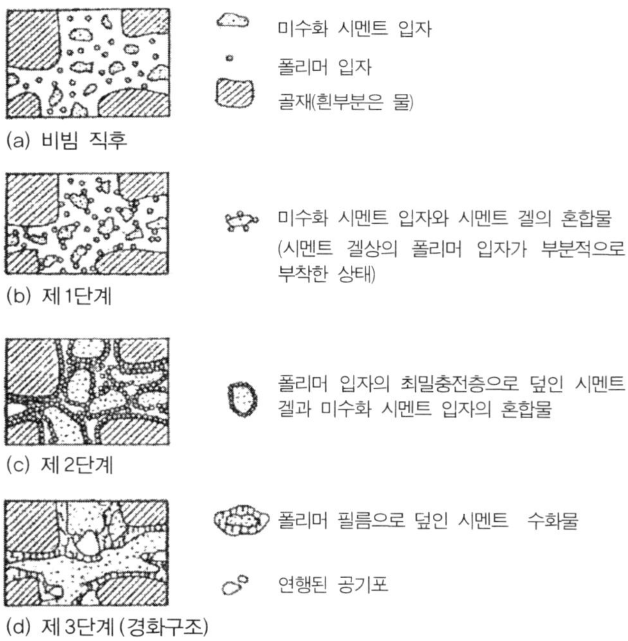

그림 1.2 Co-matrix상의 형성 과정 모델

시멘트 수화물 상 혹은 골재 상과 폴리머 사이에 있어서 화학결합(일차 결합)의 존재 유무가 자주 화제가 되는데, 카르복실기(−COOH)를 포함한 폴리머의 경우에는 그림 1.3과 같은 화학결합의 형성이 확인된다[2]. 그러나 이러한 화학결합의 효과는 폴리머 시멘트 콘크리트 및 모르타르에 있어 체적분율에 지배되는 듯하며, 그 존재가 반드시 유효하게 작용하지 않고 연행 공기량의 증가에 의해 효과가 상쇄되기 쉽다.

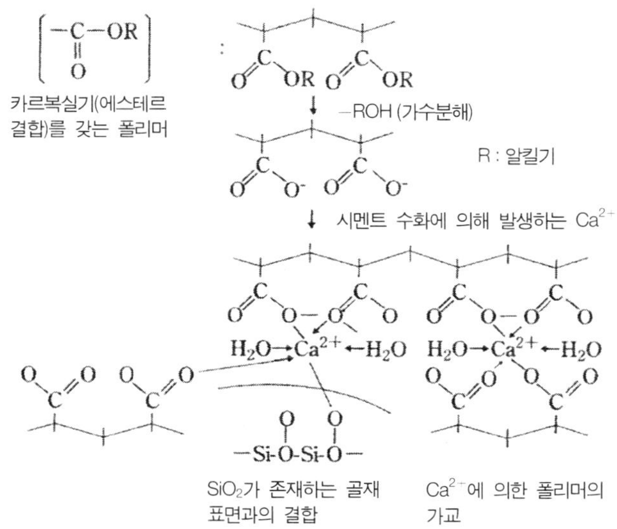

그림 1.3 **폴리머 시멘트 콘크리트 및 모르타르의 화학결합 형성 기구의 예**

1.2.2 폴리머 콘크리트 및 모르타르

폴리머 콘크리트 및 모르타르는 시멘트 콘크리트 및 모르타르의 결합재 전부를 폴리머로 대체한 것으로, 폴리머 결합재(polymeric binder)인 액상 레진(liquid resin)과 골재를 이용하여 만들어진다. 지금까지 레진 콘크리트 및 모르타르로 불리는 경우가 많았지만 국제적으로 통일된 용어인 폴리머 콘크리트 및 모르타르라고 칭하는 것이 바람직하다. 폴리머 콘크리트 및 모르타르에서는 매트릭스 상이 폴리머만으로 형성되므로 폴리머의 장점과 단점을 동시에 갖게 된다.

따라서 폴리머 결합재의 유리전이온도에 특히 주의할 필요가 있다. 특수한 용도를 제외하면 일반적으로 충분한 양의 폴리머 결합재에 의해 연속한 매트릭스 상이 형성

될 때 뛰어난 성질의 폴리머 콘크리트 및 모르타르를 만들 수 있다. 폴리머 결합재의 양이 너무 적거나 연행 공기량이 너무 많으면 매트릭스 상의 불연속으로 성질이 저하된다. 그러나 포틀랜드 시멘트와 비교하면 폴리머 결합재의 형성에 이용하는 액상 레진의 가격은 상당히 비싸기 때문에, 최밀 충전상태의 골재를 이용해 그것을 연속한 매트릭스 상 중에 분산시키는 데 필요한 액상 레진의 양을 결정하는 것은 폴리머 콘크리트 및 모르타르의 제조설계에 있어서 중요하다.

그리고 시멘트 콘크리트 및 모르타르의 경우와 달리 폴리머 결합재와 골재 간의 접착강도가 매우 크기 때문에, 폴리머 콘크리트 및 모르타르의 강도는 골재의 강도에 지배된다. 그 때문에 구조부재와 같이 높은 강도를 요하는 곳에 이용할 경우에는 고강도를 가지는 골재를 이용할 필요가 있다.

1.2.3 폴리머 함침 콘크리트 및 모르타르

폴리머 함침 콘크리트 및 모르타르는 시멘트 콘크리트 및 모르타르의 결합재, 골재 및 양자 사이의 간극을 폴리머로 완전 또는 불완전하게 충전해 강화한 것으로, 기재가 되는 피함침재인 경화 시멘트 콘크리트 및 모르타르에 모노머 등으로 구성된 함침재를 함침 중합시킴으로써 만들어진다.

현장에서 침투성 흡수방지재나 침투성 고화재를 콘크리트 및 모르타르에 도포해 함침하는 공법도 폴리머 함침 콘크리트라고 할 수 있다. 침투성 흡수방지재는 도포에 의해 바탕에 침투하여 그 표층부에 방수층을 형성하고 외부로부터 물의 침입이나 염화물이온의 침투를 억제, 방지하는 재료를 말한다. 이 침투성 흡수방지재에는 실리콘계, 비실리콘계 및 혼합계가 있다. 실리콘계 침투성 흡수방지재를 바탕에 도포하면 바탕 표면 및 세공 내벽에 소수기가 늘어섬으로써 물과 접촉각이 커져 발수성이 부여된다. 한편 비실리콘계의 경우는 발수성보다 세공의 충전에 따른 방수성 부여가 크다. 혼합계의 경우는 양자의 상승 효과에 의한 것이다. 침투성 고화재는 도포에 의해 풍화하거나 취약해진 바탕에 침투하여 이전의 성능을 회복시키는 재료를 말한다. 이것을 바탕에 도포하면 바탕에 깊게 침투해 강한 접착력으로 시멘트 성분이나 골재와 결합하여 기초를 강화하고 용제의 증발에 의해 우수한 내수성을 발현하며 각종 마감재와의 접착성이 양호해지는 효과가 있다.

참/고/문/헌

1) 大濱嘉彦：建築用ポリマーセメントモルタルの性状と調合設計に関する研究， 建築研究報告 No.65, pp.102-104, 1973.10.

2) Ohama, Y. : Principle of Latex Modification and Some Typical Properties of Latex-modified Mortars and Concretes, ACI Material Journal, Vol.84, No.6, p.513, 1987.11/12.

제 2 장 폴리머 콘크리트 복합체의 재료, 제조·시공법 및 용도

2.1 폴리머 시멘트 콘크리트 및 모르타르

2.1.1 사용 재료

폴리머 시멘트 콘크리트 및 모르타르는 시멘트 콘크리트 및 모르타르의 결합재 일부를 폴리머로 치환한 것으로, 시멘트 콘크리트 및 모르타르에 폴리머 혼화제를 혼화하여 제조된다. 폴리머 혼화제로는 그림 2.1에서 보듯 라텍스(latex)와 에멀션(emulsion) 등의 수성 폴리머 디스퍼전(polymer dispersion), 재유화형 분말수지(redispersible polymer powder), 수용성 폴리머(water-soluble polymer) 및 액상 폴리머(liquid polymer)의 4종류가 있다. 이 중에서 스티렌 부타디엔 고무 라텍스, 에틸렌 초산비닐 및 폴리아크릴산 에스테르 에멀션이 많이 사용되고 있다. 양이온 계면활성제를 포함한 폴리머 디스퍼전이 정전기적 효과에 의해 우수한 접착성을 보인다고 하여 시판되고 있지만 종래 제품과 비교해 그 우위성은 인정되지 않는다[1]. 최근의 재유화형 분말수지는 그 품질이 향상되어 성막성이 개선되었으며, 콘크리트나 모르타르 내부에서 연속적인 폴리머 막을 형성할 수 있게 되었다. 폴리머 디스퍼전의 품질은 KS F 4916(시멘트 혼화용 폴리머)에 규정되어 있다.

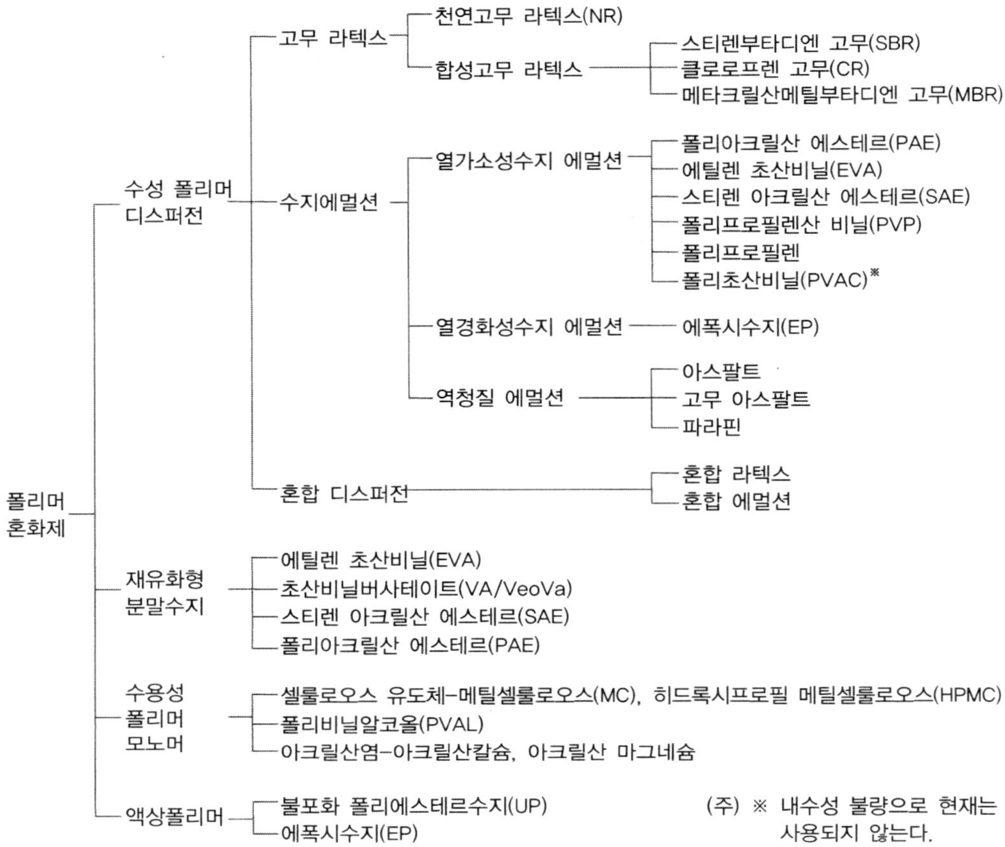

그림 2.1 **폴리머 혼화제의 종류**

2.1.2 제조 · 시공법

폴리머 시멘트 콘크리트 및 모르타르의 성질은 물-시멘트비보다 폴리머-시멘트비(polymer-cement ratio, P/C)에 의해 지배되므로, 용도에 따라 적당한 폴리머-시멘트비를 선택할 필요가 있다. 일반적으로 폴리머-시멘트비는 5~30%의 범위에서 사용된다. 폴리머-시멘트비라는 것은 시멘트에 대한 폴리머의 중량비다. 물-시멘트비는 30~60%의 범위로 하며 요구되는 작업성에 따라 가능한 한 작게 정한다.

표 2.1은 ACI 548.1 R(Guide for the Use of Polymers in Concrete)에 추천되어 있는 폴리머 시멘트 콘크리트의 표준배합의 예이고, 표 2.2는 폴리머 시멘트 모르타르의 용도별 표준배합이다.

폴리머 시멘트 콘크리트 및 모르타르의 제조 및 시공에는 시멘트 콘크리트 및 모르타르의 경우와 같은 믹서나 시공용구를 이용한다. 비빔 후에는 1시간 이내에 타설 또는 도장하고, 타설 또는 도장 후 초기에는 습윤양생으로 시멘트의 수화를 진행시킨 다음, 건조양생하여 폴리머 필름의 형성을 촉진하는 것이 바람직하다. 폴리머 시멘트 콘크리트 및 모르타르는 접착성이 뛰어나므로 거푸집 탈형을 위한 이형제로 실리콘 왁스나 윤활유가 필요하며 믹서나 시공용구도 사용 직후 청소해야 한다.

표 2.1 **폴리머 시멘트 콘크리트의 표준배합**

(a) 교량상판용 폴리머(ACI)

단위시멘트양	414 kg/m^3
잔골재율	55~65%
폴리머-시멘트비	15%
물-시멘트비	25~40%
공기량	6% 이하

(b) 보수재용(ACI)

사용재료		질량(kg)
포틀랜드 시멘트		94
골재(잔 · 굵은골재 혼합물)		300
폴리머	전고형분 기준	14~19
	라텍스 기준 (전고형분 50%일 때)	29~38
물(라텍스와 골재의 수분을 포함)		4~25

표 2.2 **폴리머 시멘트 모르타르의 용도별 표준배합**

용도		표준배합		도장 두께 (mm)
		시멘트 : 잔골재(중량비)	폴리머-시멘트비(%)	
포장재(바닥재)		1 : 0.3	10~20	5~10
미장재	하도	1 : 2.0~2.5	5~20	1~2
	중도	1 : 2.5~3.0	2~20	5~10
	상도	1 : 2.5~3.0	5~20	5~10
접착재	일반 타일용	1 : 1.0~2.5	5~20	-
	콘크리트 접착용	1 : 0~2.0	2~20	-
	일반용	1 : 0~3.0	5~30	-
방수재	하도	1 : 0~1.5	10~30	5~10
	상도	1 : 2.0~2.5	10~30	5~10
방식재	하도	1 : 0~1.0	10~30	5~10
	상도	1 : 1.5~2.5	10~30	5~10
데크 커버링재	하도	1 : 2.0~3.0	20~30	1~2
	중도	1 : 3.0	20~25	5~6
	상도	1 : 3.0	20~25	3~4

2.1.3 성질

폴리머 시멘트 콘크리트 및 모르타르의 성질은 그림 1.2로 설명할 수 있는 Co-matrix 상의 성질에 의존하기 때문에 물-시멘트비보다 폴리머-시멘트비에 의해 지배된다. 시멘트 콘크리트 및 모르타르와 비교해 폴리머 시멘트 콘크리트 및 모르타르는 작업성, 보수성, 휨인성, 신장성, 접착성, 방수성, 탄산화 및 염화물이온 침투저항성, 내동결융해성, 내충격성, 내마모성, 내약품성 등이 매우 뛰어나다. 사용상 지장이 있을 정도는 아니지만 응결 및 경화가 약간 늦어지고 폴리머를 포함하기 때문에 사용하는 한계 온도는 약 150℃이다.

표 2.3 및 표 2.4에서 보는 바와 같이[2),3)] 일반적으로 폴리머-시멘트비의 증가에 따라 강도가 증대하는데, 특히 인장 및 휨강도의 발현이 현저하고 그림 2.2에서처럼[4)] 장기 수중양생을 하지 않아도 강도 발현이 양호하다. 또한 그림 2.3에서 보는 바와 같이 수분을 유지하는 보수성이 양호하여 장기간에 걸쳐 수화가 진행되므로 장기 강도의 증진이 현저하다. Ohama[5)]는 시멘트 콘크리트에 관한 Talbot의 공극설을 확장해 결합재-공극비(α) 또는 공극-결합재비(β)를 다음 식 (2.1)과 같이 제시하였다.

$$\alpha = \frac{1}{\beta} = \frac{V_c + V_p}{V_a + V_w} \tag{2.1}$$

여기서, V_c, V_p, V_a 및 V_w는 각각 폴리머 시멘트 콘크리트 또는 모르타르의 단위 체적당의 시멘트, 폴리머, 공기 및 물의 체적이고, 이것을 이용한 강도법칙을 다음 식 (2.2)와 식 (2.3)과 같이 제안하고 있다[6)].

콘크리트에 대해서,

$$\sigma_c = a\alpha + b \tag{2.2}$$

모르타르에 대해서,

$$\log \sigma_c = \frac{A}{B^\beta} + C, \tag{2.3a}$$

$$\text{또는 } \sigma_c = \frac{A}{B^\beta} + C \tag{2.3b}$$

여기서, σ_c는 압축강도, a, b, A, B 및 C는 실험상수이다.

표 2.3 **폴리머 시멘트 콘크리트의 강도**

콘크리트의 종류	폴리머-시멘트비 (%)	물-시멘트비 (%)	상대강도			
			압축	휨	접착인장	전단
미혼입	0	60.0	100	100	100	100
SBR 혼입	5	53.3	123	118	126	131
	10	48.3	134	129	154	144
	15	44.3	150	153	212	146
	20	40.3	146	178	236	149
PAE-1 혼입	5	43.0	159	127	150	111
	10	33.6	179	146	158	116
	15	31.3	157	143	192	126
	20	30.0	140	192	184	139
PAE-2 혼입	5	59.0	111	106	128	103
	10	52.4	112	116	139	116
	15	43.0	137	167	219	118
	20	37.4	138	214	238	169
PVAC 혼입	5	51.8	98	95	112	102
	10	44.9	82	105	120	106
	15	42.0	55	80	90	88
	20	36.8	37	62	91	60

표 2.4 **폴리머 시멘트 모르타르의 강도**

모르타르의 종류	물-시멘트비 (%)	강도 (MPa)	
		휨	압축
미혼입	0	3~5	18~20
NR혼입	10	4~6	15~17
	20	2~3	4~5
CR혼입	10	5~6	18~19
	20	9~10	31~34
SBR혼입	10	6~10	15~29
	20	7~12	17~32
PAE혼입	10	6~8	16~18
	20	6~9	14~20
EVA혼입	10	6~9	18~29
	20	6~11	19~32
PVAC혼입	10	6~7	16~17
	20	6~7	15~16

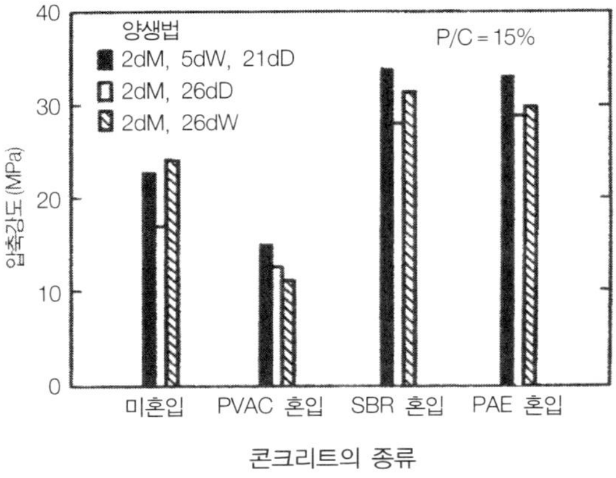

(주) M : 습공양생, W : 수중양생 D : 건조양생, d : 재령(d)

그림 2.2 **폴리머 시멘트 콘크리트의 압축강도와 양생 방법의 관계**

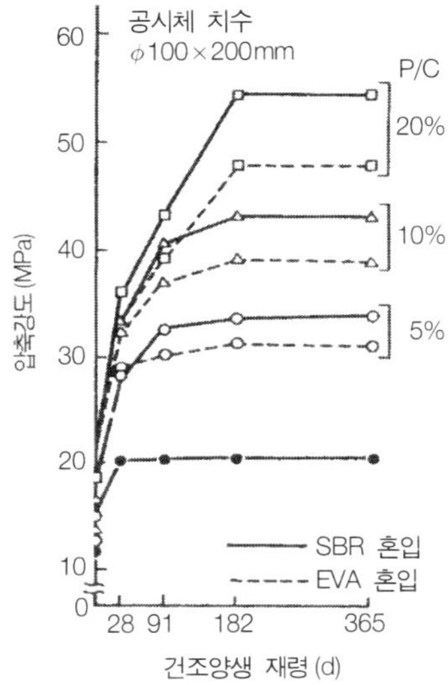

그림 2.3 **폴리머 시멘트 콘크리트의 압축강도와 건조양생 재령과의 관계**

그림 2.4에서 보는 바와 같이 폴리머 시멘트 콘크리트의 크리프는 보통 시멘트 콘크리트에 비해 상당히 작다. 10년간에 걸친 실제의 옥외폭로 시험결과, 그림 2.5와 같이[8] 예상 이상으로 양호한 내후성을 발휘한다. 옥외폭로 10년 후에 측정한 탄산화 깊이를 나타내는 그림 2.6[8]에서도 탄산화에 대한 뛰어난 저항성을 확인할 수 있다. 덧붙여 폴리초산비닐은 내수성이 좋지 않기 때문에 현재는 폴리머 혼화제로 사용되고 있지 않다.

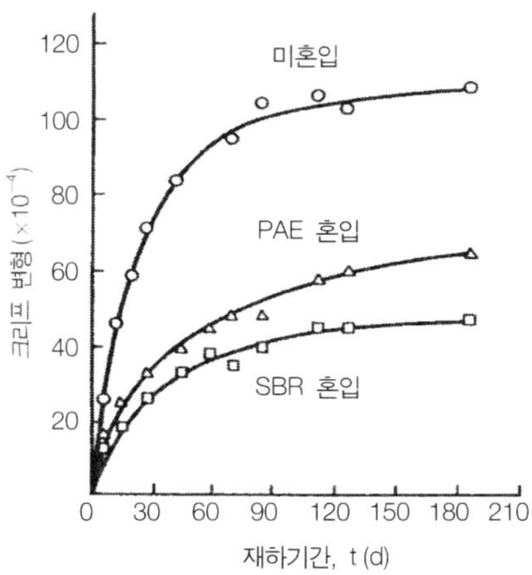

그림 2.4 **폴리머 시멘트 콘크리트의 크리프 거동**

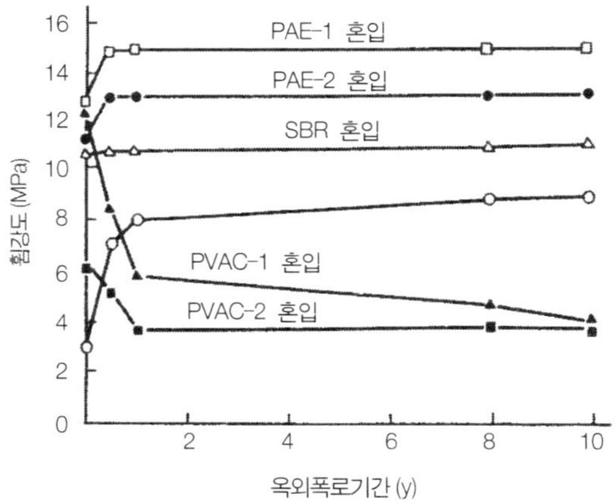

그림 2.5 **폴리머 시멘트 모르타르의 내후성**

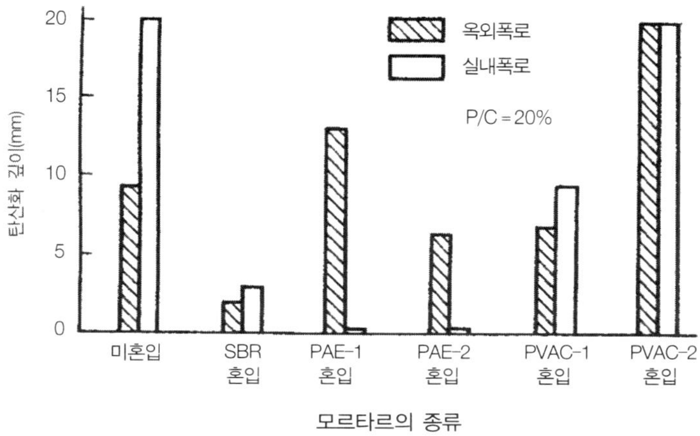

그림 2.6 **10년간 옥외·실내폭로 후의 폴리머 시멘트 모르타르(P/C, 20%)의 탄산화 깊이**

최근에는 수성 폴리머 디스퍼전 이외에도 재유화형 분말수지를 혼입한 폴리머 시멘트 모르타르의 사용량이 점점 증가하고 있다. 그림 2.7 및 그림 2.8은 각종 재유화형 분말수지 혼입 폴리머 시멘트 모르타르의 휨강도 및 접착강도를 수성 폴리머 디스퍼전 혼입 폴리머 시멘트 모르타르의 휨강도 및 접착강도와 비교한 것이다.

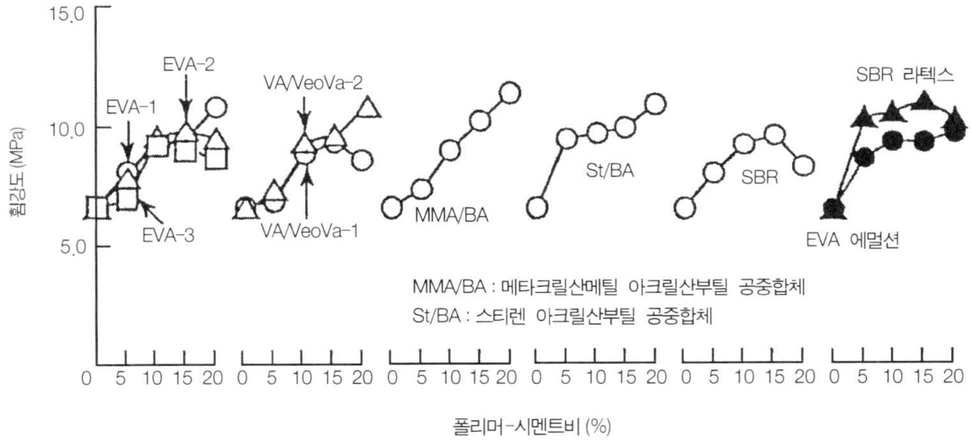

그림 2.7 **재유화형 분말수지 혼입 폴리머 시멘트 모르타르의 휨강도와 폴리머-시멘트비의 관계**

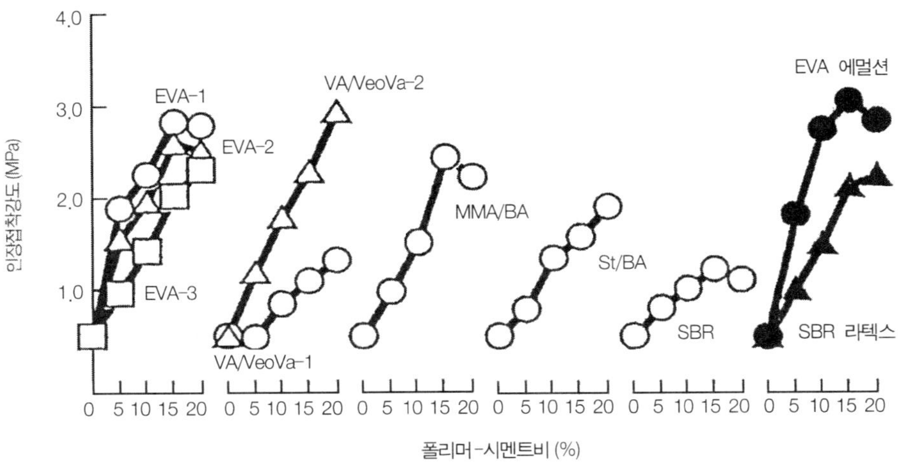

그림 2.8 **재유화형 분말수지 혼입 폴리머 시멘트 모르타르의 인장 접착강도와 폴리머-시멘트비의 관계**

미국이나 유럽에서는 에폭시수지를 혼입한 폴리머 시멘트 모르타르 및 콘크리트를 에멀션 또는 액상 폴리머의 형태로 널리 사용하고 있으며, 국내에서도 이에 대한 연구가 활발히 진행되고 있다. 에폭시수지를 폴리머 혼화제로 사용하는 경우 반드시 적당한 경화제를 선택할 필요가 있지만, 현재는 경화제 없이도 그 제조가 가능하게 되었다. 그림 2.9는 경화제 무첨가 에폭시수지 혼입 폴리머 시멘트 모르타르의 강도 성상을 나타낸 것이다.

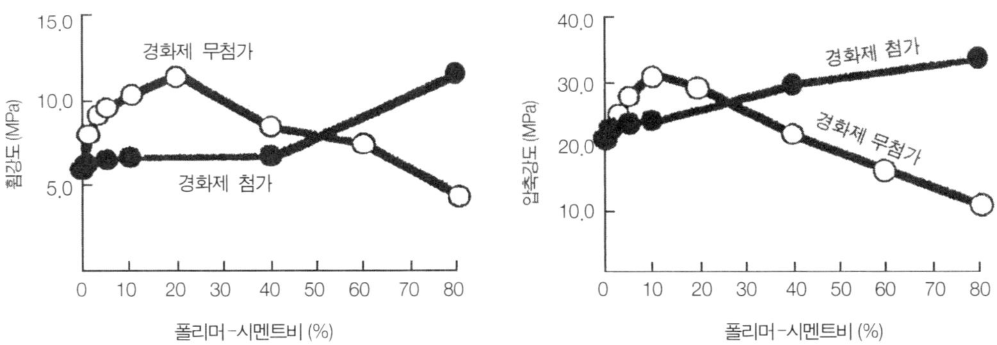

그림 2.9 **경화제 무첨가 에폭시수지 혼입 폴리머 시멘트 모르타르의 강도 성상**

2.1.4 용도

폴리머 시멘트 모르타르는 시멘트 모르타르에 비해 각종 성능이 우수하여 표 2.5와 같이 범용적인 건설재료가 되어 있다. 최근 철근콘크리트 구조물의 성능저하가 큰 사회문제가 되어 보수, 개수 공법용 재료로써 폴리머 시멘트 모르타르 및 페이스트(슬러리)의 이용이 부각되고 있는데, 성능과 비용의 균형을 맞추어 그 수요를 늘려가고 있다.

최근 폴리머 시멘트 콘크리트는 도로 포장재, 방식 구조부재 등에 이용하는 것에 대한 관심이 높아지고 있으며, 미국에서는 이미 교량상판의 오버레이 및 보수에 상당량의 폴리머 시멘트 콘크리트가 사용되고 있다. 또한 최근 일본에서는 환경친화형 폴리머 시멘트 모르타르 및 폴리머 시멘트 콘크리트의 개발에 관심이 높아지고 있어, 경화제 무첨가 에폭시수지 혼입 폴리머 시멘트 모르타르 및 콘크리트[9)~11)], 오토클레이브 양생 폴리머 시멘트 모르타르 및 콘크리트[12)], 재유화형 분말수지 혼입 폴리머 시멘트 모르타르용 수축저감제[13)], 내수성이 뛰어난 폴리머 석고[14)], 광촉매 혼입 폴리머 시멘트 페이스트에 의한 대기정화 포장 시스템[15)], 고흡수성 폴리머[16),17)], 아스팔트 혼입 투수성 콘크리트[18)~21)], 폴리머 시멘트계 도막방수 공법[22),23)], 폴리머 시멘트계 영구거푸집[24),25)] 등의 연구 · 개발이 활발하게 이루어지고 있다.

표 2.5 **폴리머 시멘트 모르타르 및 페이스트의 용도**

용도	시공 장소
포장재 및 바닥재	일반 가옥, 창고, 사무소, 점포 등의 바닥, 변소 바닥, 체육관 바닥, 공장 바닥, 통로, 계단, 플랫폼, 도로, 차고, 공항, 모노레일 등
방수재	지붕 슬래브, 모르타르 및 콘크리트 블록 벽체, 저수 탱크, 수영장, 분뇨 정화조, 사일로 등
접착재	타일용 접착재, 바닥재, 벽재 및 단열재의 접착재, 신구 콘크리트(모르타르)의 이음부 등
화장마감재	얇은 마무리 바름재, 복층 마무리 바름재, 두꺼운 마무리 바름재, 경량골재 마무리 바름재, 바탕 조정 바름재 등
보수재	콘크리트 구조물의 균열 및 층박리의 그라우트, 그 외 손상부의 패칭, 부식한 철근의 방청 코팅재
방식재	폐액조, 화학공장의 바닥, 내산타일의 줄눈재, 분뇨정화조, 기계설치용 기초, 화학실험실 바닥, 약품창고, 온천의 욕조, 강판을 이용한 지붕이나 사일로의 방청 코팅재 등
데크 커버링재	선박의 내외부 데크, 교량상판, 보도교의 바닥, 전차 · 열차 등의 바닥
기타	철도교 강형의 진동제어재

2.2 폴리머 콘크리트 및 모르타르

2.2.1 사용 재료

폴리머 콘크리트 및 모르타르는 시멘트 콘크리트 및 모르타르의 결합재 전부를 폴리머로 대체한 것으로, 폴리머 결합재가 되는 그림 2.10과 같은 액상 레진과 골재를 결합하여 제조된다. 그리고 충전재로는 중질 탄산칼슘과 실리카가 일반적으로 사용된다[26). 액상 레진으로 주로 불포화 폴리에스테르수지, 에폭시수지 및 메타크릴산메틸 등의 아크릴계 모노머(monomer)가 이용되고 있는데, 최근에는 폴리머 콘크리트 및 모르타르로써 작업성, 저온 경화성, 내후성 등이 뛰어난 메타크릴산메틸 등의 아크릴 모노머가 주목받고 있다. 또한 최근 액상 레진의 개발 동향을 보면, 환경 안전성을 고려한 에폭시수지[27)], 저수축형 불포화 폴리에스테르수지[28)] 및 스티렌 저함유 불포화 폴리에스테르수지의 개발[29)]이 이루어지고 있다.

액상 레진은 그 자체로는 경화하지 않기 때문에 폴리머 콘크리트 및 모르타르를 비빌 때, 적당한 경화제(또는 촉매) 및 촉진제를 첨가해 가사시간, 즉 사용가능시간을 조절하여 사용한다. 충전재 및 골재는 수분이 액상 레진의 경화를 저해하므로 건조하여 함수율을 0.5% 이하로 이용한다.

폴리머 콘크리트용 보강재에는 고강도를 가지는 PC강봉 및 FRP 로드가 사용된다.

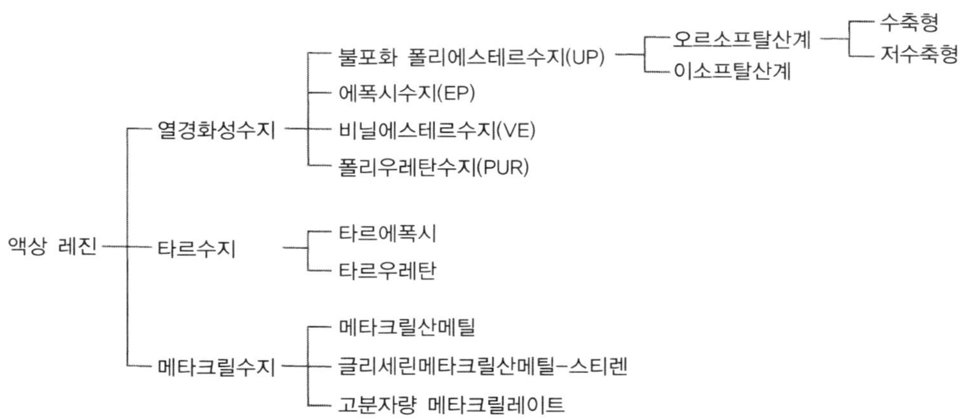

그림 2.10 **액상 레진의 종류**

2.2.2 제조 · 시공법

폴리머 콘크리트 및 모르타르의 일반적인 배합설계 순서는 다음과 같다.

(a) 연속 입도설 또는 불연속 입도설에 근거해 입도분포가 다른 각종의 골재군을 혼합하여 그 공극률 등을 측정해 최밀 충전상태가 되는 골재 조성을 찾는다.

(b) 최밀 충전상태의 골재와 액상 레진을 혼합하여 폴리머 콘크리트 및 모르타르를 제조하고 작업성, 재료분리의 유무, 강도 등 기초적 성질에 의해 액상 레진의 양을 정해 최적 배합을 결정한다.

액상 레진의 종류에 관계없이 폴리머 콘크리트 및 모르타르의 표준배합(중량비)은 폴리머 콘크리트에서 액상 레진 : 충전재 : 잔골재 · 굵은골재=1 : (1～1.5) : (8～8.5)이고, 폴리머 모르타르에서는 액상 레진 : 충전재 : 잔골재=1 : (0～1.5) : (3～7)이다. 일반적으로 액상 레진의 양은 중량비로 9～25%가 된다. 폴리머 콘크리트, 모르타르 모두 용도에 따라 가사시간과 경화시간을 정해 경화제 또는 촉매 그리고 촉진제의 종류와 첨가율을 선택할 필요가 있다.

최근에는 불포화 폴리에스테르 혼입 경량 폴리머 모르타르의 적산온도법에 의한 배합 설계 시스템의 개발[30], 폴리메타크릴산메틸 모르타르의 충전재 선정 방법[31] 등이 보고되어 있다. 폴리머 콘크리트 및 모르타르의 제조 및 시공은 시멘트 콘크리트 및 모르타르의 경우와 거의 같은 믹서나 시공용구를 이용한다. 이 경우 비빔은 고점성과 빠른 경화에 의한 불균일 혼합을 피하기 위해 손비빔을 하지 않고 반드시 강제식 믹서 등을 이용해 기계비빔을 한다. 비빔 후에는 가사시간 이내에 타설하거나 도장한다. 타설 또는 도장 후의 양생 방법으로는 용도에 따라 상온양생, 가열양생 또는 양자병용방식이 이용되는데, 경화가 저해되므로 양생 중에는 수분의 영향을 받지 않게 보호할 필요가 있다. 폴리머 콘크리트 및 모르타르는 접착성이 뛰어나므로 거푸집에 이형제의 사용이 불가피하며, 믹서나 시공용구는 사용 직후에 반드시 청소해야 한다.

폴리머 콘크리트 및 모르타르의 제조 · 시공에 있어 비용절감을 도모하는 목적으로 자동 성형장치나 자동화 시공 시스템의 개발이 활발하다. 폴리머 모르타르의 자동화 시공 시스템에서 주목해야 할 예로, 그림 2.11의 일본 NTT에서 개발한 폴리에스테르 모르타르를 이용한 소단면 쉴드 공법[32]이 있다. 미국에서는 그림 2.12와 같이[33] 도로 포장의 보수공사에 이용하는 폴리머 콘크리트의 자동화 시공 시스템이 개발되어 있다.

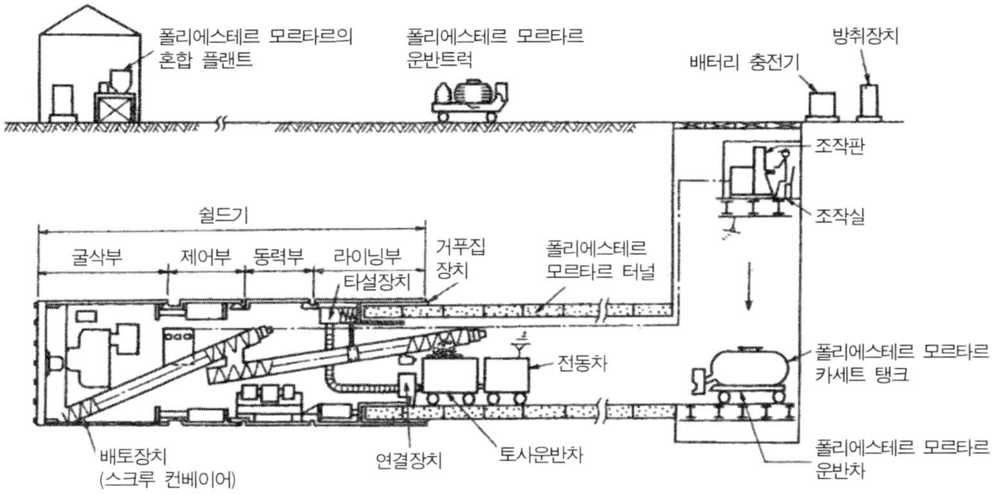

그림 2.11 **폴리에스테르 모르타르를 이용한 소단면 쉴드 공법**

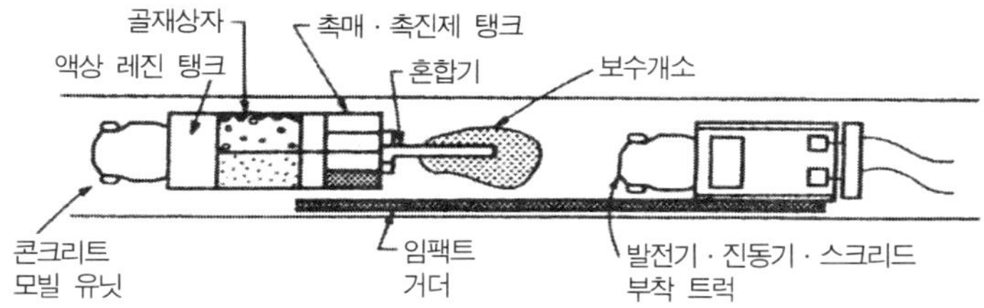

그림 2.12 **도로포장의 보수공사에 이용하는 폴리머 콘크리트 자동화 시스템**

2.2.3 성질

폴리머 콘크리트 및 모르타르의 성질은 폴리머 결합재의 종류와 성질 및 골재의 성질에 크게 의존한다.(폴리머 콘크리트 및 모르타르는 시멘트 콘크리트 및 모르타르에 비해) 초기 재령에서의 고강도 발현, 접착성, 수밀성, 내동결융해성, 내약품성, 내마모성, 내충격성, 전기절연성 등이 뛰어나다. 그러나 메타크릴산메틸을 제외하고는 액상 레진의 고점성으로 인해 폴리머 콘크리트 및 모르타르의 작업성이 상당히 불량하며, 경화수축이 크기 때문에 거푸집의 설계, 보강재나 기초와의 접착 등에 문제가 된다. 또한 폴리머 결합재의 종류에 따라 다르지만, 폴리머를 포함하기 때문에 기계적 성질의 온도 의존성, 내열성, 내화성 등의 불량이 지적되어 사용한계 온도는 50℃ 전후이다.

표 2.6은 대표적인 폴리머 콘크리트의 강도를 포함한 물리적 성질을 나타낸다. 그림 2.13에서 보듯이[34] 50℃ 이상에서 강도의 온도 의존성은 더욱 크며, 이것과 유리전이온도가 서로 관련 있는 것으로 알려져 있다. 통상 액상 레진은 저온에서는 경화불량을 일으키지만 저온 경화성이 뛰어난 액상 레진을 이용한 아크릴 콘크리트에서는 그림 2.14와 같이[35] 20℃에서도 타설 후 1시간 이내에 약 50MPa의 압축강도를 얻을 수 있다. Ohama는 폴리에스테르 콘크리트에 대해 액상 레진 중에 포함된 스티렌(ST)과 불포화 폴리에스테르(UP)의 중량비(ST/UP)인 스티렌-불포화 폴리에스테르비를 이용하는 강도법칙을 제안하였으며[36], 이 강도법칙은 다음 식 (2.4)로 나타낸다.

$$\sigma = -A\left(\frac{ST}{UP}\right) + B \tag{2.4a}$$

또는 $$\sigma = a\log\left(\frac{UP}{ST}\right) + b \tag{2.4b}$$

여기서, σ는 압축강도, A, B, a 및 b는 실험상수이다.

그림 2.15에 나타내듯이[37], 크리프의 온도 의존성도 크다. 그림 2.16에 나타내는 실제의 옥외폭로 시험결과에 의하면[38] 20년 이상의 내구성 확보가 가능함을 예측할 수 있다.

표 2.6 **폴리머 콘크리트의 물리적 성질**

성질		폴리머 콘크리트의 종류						
		퓨란 콘크리트	폴리에스테르 콘크리트	에폭시 콘크리트	폴리우레탄 콘크리트	아크릴 콘크리트	아스팔트 콘크리트	시멘트 콘크리트
단위용적중량 (kg/m^3)		2,200~2,400	2,200~2,400	2,100~2,300	2,000~2,400	2,200~2,400	2,100~2,400	2,300~2,400
강도 (MPa)	압축	70~90	80~160	80~120	65~2	2~15	2~15	10~60
	인장	5~8	9~14	10~11	8~9	0.2~1	0.2~1	1~5
	휨	20~25	14~35	17~31	20~23	2~15	2~15	2~7
탄성계수(GPa)		20~30	15~35	15~35	10~20	1~5	1~5	20~40
흡수율(%)		0.05~0.3	0.05~0.2	0.05~0.2	0.3~1.0	1.0~3.0	1.0~3.0	4.0~6.0

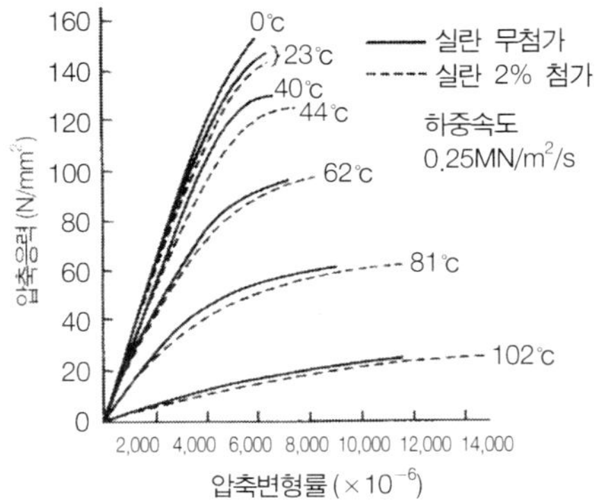

그림 2.13 **폴리에스테르 콘크리트에 대한 응력-변형률곡선의 온도 의존성**

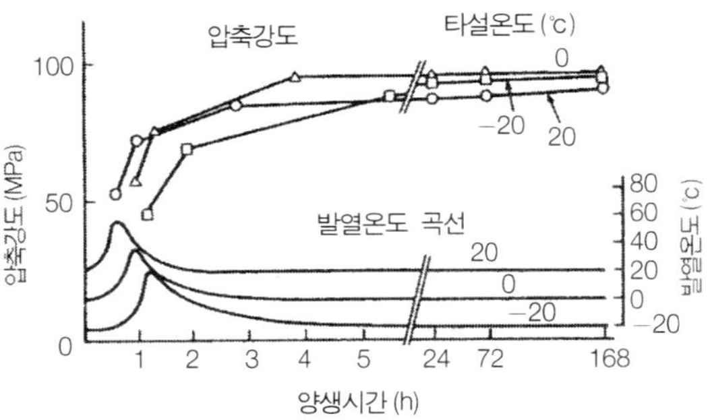

그림 2.14 **폴리메타크릴산메틸 콘크리트의 압축강도 및 발열온도와 양생시간의 관계**

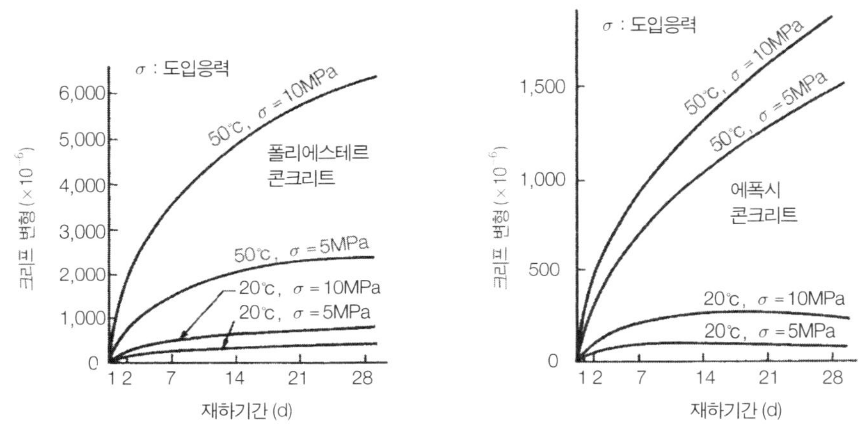

그림 2.15 **폴리에스테르 및 에폭시 콘크리트의 크리프 거동**

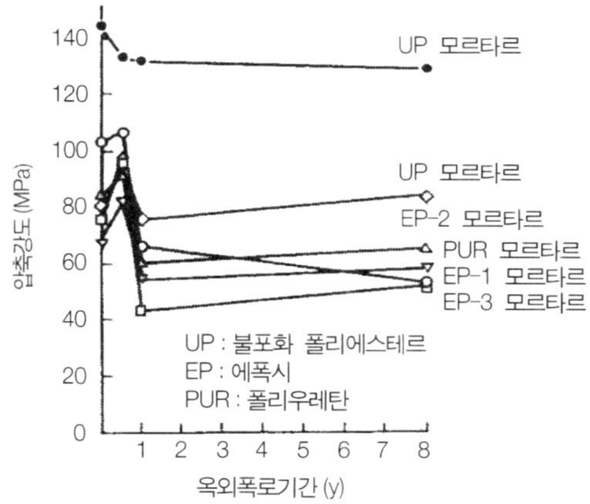

그림 2.16 **폴리머 콘크리트 및 모르타르의 내후성**

2.2.4 용도

폴리머 콘크리트 및 모르타르는 폴리머 시멘트 콘크리트 및 모르타르와 같이 이미 범용화되어 있으며, 그 용도는 프리캐스트 제품과 현장시공으로 구별된다. 표 2.7 및 표 2.8은 일반적인 폴리머 모르타르와 폴리에스테르 콘크리트의 용도를 나타낸 것이다. 향후 건설분야 이외에서도 용도 개발이 기대된다.

표 2.7 **폴리머 모르타르의 용도**

구분	용도
바닥재	일반 가옥, 창고, 사무소, 학교, 병원, 공장 및 점포, 변소의 바닥, 통로, 계단, 차고, 플랫폼, 전자 · 열차 등의 바닥 등
포장재	도로(보도 및 차도), 교량상판, 보도교, 주차장, 공항의 활주로 등
방식재	폐액조, 화학공장 바닥, 내산타일의 줄눈재, 화학실험실 바닥, 약품창고, 전해조, 온천의 욕조, 부두나 해상 정박장과 같은 해양구조물 등
접착재	바닥재용 접착재, 벽재 및 단열재 등의 접착재, 타일용 접착재, 신구 콘크리트(모르타르)의 접합, 앵커볼트의 매립 등
보수재	콘크리트 구조물의 균열 및 층박리의 그라우트, 그 외 손상부의 패칭, 부식한 철근의 방청 코팅재 등
방수재	콘크리트 지붕슬래브, 모르타르 벽체, 콘크리트 블록, 저수탱크, 수영장, 분뇨정화조, 사일로 등
소단면 자동 쉴드 공법	통신케이블용, 하수도용 관로 등
프리캐스트 제품	하수도용, 농수용, 공장폐수용 및 전력케이블용의 강화플라스틱 복합관, 강화플라스틱 복합패널, 인조대리석

표 2.8 **폴리에스테르 콘크리트의 용도**

구분	용도
구조용 프리캐스트 제품	통신케이블 관로용, 전력케이블 관로 및 가스 파이프라인용의 맨홀과 핸드홀, 통신케이블 관로 및 하수도의 쉴드 공법 세그먼트, 항만 및 온천지 공사용 말뚝, 공작기계의 기초 및 발판, 건축용 강화플라스틱 복합프레임 및 패널
비구조용 프리캐스트 제품	측구덮개, U자관, 보도판, 테라초 타일 및 패널, 건축용 대형화장 패널 및 곡면화장 패널, 칸막이벽용 패널, 개수대, 프리패브식 수납고, 카운터, 세면대 등
현장 타설	댐 여수로의 복공, 수력발전소 감세공의 보호라이닝, 취수댐의 복공, 산성수 사방댐의 내산라이닝, 온천지 건물의 기초 등

2.3 폴리머 함침 콘크리트 및 모르타르

2.3.1 사용 재료

폴리머 함침 콘크리트 및 모르타르의 제조에 이용하는 재료는 기재와 함침재로 대별되는데, 기재가 되는 프리캐스트 제품으로는 시멘트 콘크리트 및 모르타르의 성형품, 슬레이트, 페로 시멘트, 석고제품 등이 이용되고, 현장 폴리머 함침 공법에서는 이미 설치된 경화 시멘트 콘크리트 및 모르타르 자체가 기재로 사용된다. 폴리머 함침재는 그 주성분이 되는 모노머, 프리폴리머 등과 가교제, 촉매, 커플링제 등을 소정의 배합비로 혼합해 제조된다. 많이 이용되는 모노머는 메타크릴산메틸이다. 콘크리트 표면의 개질용으로 이용되고 있는 침투성 흡수방지재로 실리콘계는 가수분해되기 쉽고 수중에 안정하게 분산하는 것이 어려워 용제계의 것이 널리 사용되어 왔으나, 최근 유화제의 선택, 분산계의 pH 안정화 등에 의해 에멀션계 제품도 시판되어 보급되고 있다. 침투성 고화재로는 에폭시수지계 재료가 많이 이용되고 있다.

2.3.2 제조 · 시공법

일반적으로 폴리머 함침재를 이용한 폴리머 함침 콘크리트 및 모르타르의 제조는 프리캐스트 제품으로의 공장생산방식과 현장 폴리머 함침 공법에 의한 현장시공방식이 있다. 전자에서는 방사선 중합 방식보다 열중합 방식 쪽이 공업적으로 이용하기 쉽다. 전자에 있어서 기재에 대한 함침 폴리머의 양인 폴리머 함침률은 통상 중량비로 5~15%이고, 또 후자에 있어서 기재 표면부터 폴리머까지 함침 깊이인 폴리머 함침 깊이는 20~30mm 정도이다.

침투성 흡수방지재 및 침투성 고화재는 기재에 도포해 함침함으로써 그 성능을 발휘한다. 따라서 침투성 흡수방지재 및 침투성 고화재를 시공할 때에는 침투성에 영향을 미칠 수 있는 기재의 함수율이나 온도 변화에 주의할 필요가 있다.

2.3.3 성질

폴리머 함침재를 이용한 폴리머 함침 콘크리트 및 모르타르의 성질은 폴리머 함침률 및 폴리머 함침 깊이에 크게 좌우된다. 폴리머 함침 콘크리트 및 모르타르는 시멘트 콘크리트 및 모르타르에 비해 강도, 수밀성, 내동결융해성, 탄산화 및 염화물이온 침투저항성, 내마모성, 내충격성, 내약품성 등이 뛰어나다. 표 2.9는 폴리메타크릴산메틸 함침 콘크리트의 성질을 나타낸다[39].

표 2.9 **폴리메타크릴산메틸 함침 콘크리트의 성질**

성질		미함침 콘크리트	폴리메타크릴산메틸 함침 콘크리트	
			방사선중합법	열중합법
압축강도(MPa)		37	142	128
탄성계수(MPa)		2,500	4,400	4,300
인장강도(MPa)		2.9	11.4	10.6
휨강도(MPa)		5.2	18.5	16.1
흡수율(%)		6.4	1.08	0.34
마모	(mm)	1.26	0.41	0.37
	(g)	14	4	4
캐비테이션(mm)		8.13	1.63	0.51
투수성(mm/년)		0.16	0.02	0.04
열전도율(23℃), (W/m · ℃)		2.30	2.26	2.19
열방사율(23℃), (μm^2/s)		1.00	1.05	1.00
열팽창률($\times 10^{-6}$)		7.25	9.66	9.48
내동결융해성(사이클 : 질량 감소 %)		490 : 25.0	750 : 4.0	750 : 0.5
충격경도(L-해머)		32.0	55.3	52
내유산염성, 300일 침지(팽창 %)		0.144	0.00	-
내염산성, 15% HCL184일 침지(질량 감소 %)		10.4	3.64	3.49
내증류수성, 97℃/20일 침지		현저히 침식	변화 없음	-

침투성 흡수방지재를 이용한 폴리머 함침 콘크리트 및 모르타르는 흡수 및 비교적 작은 압력을 가했을 때의 투수에 대한 저항성이 뛰어나서 기재의 흡수율 및 투수율을 각각 1/10 이하로 저감할 수 있다. 그러나 실리콘계와 같은 발수성 부여 타입의 침투

성 흡수방지재의 경우에는 수압이 높아짐에 따라 흡수율 및 투수율이 커지는 경향이 있다. 또한 침투성 흡수방지재의 도포에 의해 염화물이온의 침투가 억제되어 콘크리트 중의 철근 부식을 어느 정도 방지할 수 있다고 보고되어 있다[40)~42)]. 또한 염화물을 포함한 철근콘크리트의 부식 시험에 있어서 침투성 흡수방지재는 외부로부터 수분 및 염분의 침입을 억제하며 콘크리트 내부의 수분증발을 방해하지 않기 때문에 철근 부식에 큰 억제효과가 있음이 인정되고 있다[43),44)]. 알칼리 골재반응의 억제효과에 대해서도 외부에서 수분이 공급되는 환경이 아니면 알칼리 골재반응에 의한 팽창 억제효과가 높다는 결과도 보고되어 있다[45)]. 표 2.10은 일본 건축 마무리재 공업회 및 일본 건축학회에서 규정하고 있는 침투성 흡수방지재의 품질 규정값을 나타낸다[46),47)].

표 2.10 **침투성 흡수방지재의 품질 규정값**

시험 항목	일본 건축 마무리재 공업회	일본건축학회
투수성(투수비)	0.1 이하	0.10 이하
흡수성(흡수비)	0.1 이하	0.10 이하
온랭 반복작용에 대한 저항성(흡수비)	0.1 이하	0.10 이하
차염성(mm)	3 이하	3.0 이하
내알칼리성(흡수비)	0.1 이하	0.10 이하
내후성(흡수비)	0.1 이하	0.20 이하
도포 후의 외관	변화가 없을 것	변화가 없을 것
침투깊이(mm)	2 이상	1.0 이상

2.3.4 용도

폴리머 함침재를 이용한 폴리머 함침 콘크리트 및 모르타르의 프리캐스트 제품의 실용화 예로는 파이프, 테라초 패널, 포장도로판, 방사성폐기물 수납용기, 인터록킹 블록, 영구거푸집 등이 있다. 그러나 최근 폴리머 함침 콘크리트 및 모르타르의 연구·개발은 적극적으로 행해지고 있지 않다. 그 이유는 제조공정이 복잡하고, 특히 건조 및 중합 공정에서 에너지 비용이 비싼 점, 성능과 비용의 균형이 맞지 않는 점, 폴리머 함침률 및 폴리머 함침 깊이의 비파괴 시험에 의한 정확한 측정 방법이 없어 품질 관리가 어려운 점 등으로 적극적인 실용화에 장애가 되고 있다.

참/고/문/헌

1) 大濱嘉彦, 能登谷恭一, 森脇貴志：カチオン界面活性剤を含むスチレンブタジエンゴムラテックスを用いたポリマーセメントモルタルの性能比較, セメント技術年報, Vol.39, pp.400-403, 1985.12.

2) 橋本寛, 大濱嘉彦：ポリマーセメントコンクリートの強度性状, コンクリート工学, Vol.15, No.11, p.123, 1977.11.

3) 大濱嘉彦：特殊な材料を用いたコンクリートV－1ポリマー混和剤, コンクリート工学, Vol.25, No.12, p.81, 1987.12.

4) 橋本寛, 大濱嘉彦：ポリマーセメントコンクリートの強度に及ぼす養生法の影響, 日本大学工学部紀要, 分類A, 工学編, Vol.19, p.117, 1978.3.

5) 大濱嘉彦, 出村克宣：ポリマーセメントコンクリート・ポリマーコンクリート, シーエムシー出版, pp.32-35, 2002.8.

6) Ohama, Y. : Chapter 7 Polymer-modified Mortars and Concretes, Concrete Admixtures Handbook, Properties, Science and Technology, Noyes Publications, Park Ridge, NJ, p.372, 1984.

7) 大濱嘉彦, 橋本寛：ポリマーセメントコンクリートの乾燥収縮と圧縮クリープ, セメント技術年報, Vol.32, p.310, 1978.12.

8) Ohama, Y., Moriwaki, T. and Shiroishida, K. : Weather-ability of Polymer-modified Mortars through Ten-year Outdoor Exposure, Polymers in Concrete, Proceedings of the 4th International Congress on Polymers in Concrete, Technische Hochschule Darmstadt, Darmstadt, pp.67-71, 1984.

9) Ohama, Y., Demura, K. and Endo, T. : Strength Properties of Epoxy-modified Mortars without Hardener, Proceedings of the 9th International Congress on the Chemistry of Cement, Vol.Ⅴ, Performance and Durability of Concrete and Cement System, National Council for Cement and Building Materials, pp.512-516, 1992.

10) Ohama, Y., Demura, K. and Uchikawa, H. : Interaction between Epoxy Resin and Cement Hydrates in Epoxy-modified Cementitious Composition, JCA Proceedings of Cement & Concrete, No.49, pp.252-257, 1995.12.

11) Ogawa, H. : Properties of One-component Latent-curing Epoxy-modified Mortars, Journal of Society of Materials and Science, Japan, Vol.37, pp.783-788, 1999.

12) Ohama, Y., Demura, K. and Ju, M. : Effects of Siliceous Admixtures on Properties of Autoclaved Polymer-modified Mortars, Construction Materials Theory and Application (ed.

R. Eligehausen). ibidem-Verlag, pp.553-561, 1999.11.

13) Kim, W., Ohama, Y. and Demura, K. : Drying Shrinkage Reduction of Polymer-modified Mortars Using Redispersible Polymer Powder by Use of Shrinkage-reducing Agents, Journal of the Society of Materials and Science, Japan, Vol.46, No.1, pp.84-88, 1997.1.

14) Demura, K., Ohama, Y. and Kumagai, S. : Improvement in Water Resistance of Polymer-gypsum Composites, Proceedings of the Japan Concrete Institute, Vol.19, No.1, pp.373-378, 1997. 6.

15) Ishimori, M. : Photo-road with the Function to Remove Car Exhaust Gas by Photocatalyst, Cement & Concrete, No.639, pp.18-23, 2000.5.

16) Tsuji, M., Okuyama, A., Enoki, K. and Suksawang, S. : Development of New Concrete Admixture Preventing from Leakage of Water through Cracks, Cement Science and Concrete Technology, No.52, pp.418-423, 1998.12.

17) Tsuji, M., Shitama, K. and Isobe, D. : Basic Studies on Simplified Curing Technique, and Prevention of Initial Cracking and Leakage of Water through Cracks of Concrete by Applying Superabsorbent as New Concrete Admixtures, Journal of the Society of Materials Science, Japan, Vol.48, No.11, pp.1308-1315, 1999.11.

18) Harada, T., Ueda, M., Murata, H. and Sasaki, S. : The Triaxial Compressive Properties of Cement and Asphalt Emulsion Compositions, Proceedings of the Japan Concrete Institute, Vol.20, No.2, pp.523-528, 1998.6.

19) Kiji, M., Ueda, M., Yamamoto, T. and Andou, Y. : Fundamental Study on Stress Relaxation Properties of Cement and Asphalt Emulsion Composition, Proceedings of the Japan Concrete Institute, Vol.21, No.2, pp.637-642, 1999.6.

20) Ito, A., Suzuki, T. and Yasuhisa, K. : Development of the High Efficiency Cold Mixture for Repairing Porous Asphalt Pavement, Cement & Concrete Technical Report, Vol.2, Cement Concrete Laboratory, Sumitomo Osaka Cement Co., pp.88-94, 1999.

21) Kawabe, M., Yasuhisa, K. and Suzuki, T. : The Paving Example of the Cold Mixture for the Porous Pavement at the Highway, Cement Concrete technical Report, Vol.3, Cement Concrete Laboratory, Sumitomo Osaka Cement, Co., pp.91-93, 1999.

22) Achiwa, M., Fukushima, K., Murakami, N., Hasegawa, T., Okamoto, H. and Hirano, T. : A Study on Durability of Acrylic Rubber-type Polymer-modified Cement Coatings for Waterproofing, Summaries of Technical Papers of Annual Meeting Architectural Institute of Japan 1997, A-1 Materials and Construction, pp.367-368, 1997.7.

23) Nakamura, M., Maruichi, K., Notoya, K. and Hashimoto, T. : Effect of Various Deteriorative Conditions on Fatigue Resistance of Polymer-modified Cement Coatings for

Waterproofing, Part 2 : The Investigation of Durability on Comparison with Hot Water Deterioration, heat Deterioration and Outdoor Exposure, Summaries of Technical Papers of Annual Meeting Architectural Institute of Japan 1999, A-1 Materials and Construction, pp.57-58, 1999.7.

24) Horii, K. : Investigation of Materials and Curing Methods for Polymer-modified Cement Concretes(PMC) and Vinylon Fiber Reinforced Cement Concretes(VFRC) for Permanent Forms, Proceedings of the 53rd Annual Conference of the Japan Society of Civil Engineers, V, pp.922-923, 1998.8.

25) Nagase, K. : Study on High-strength Cement-based Materials Using Sulfonated Melamine Formaldehyde Condensate Admixture, Journal of Structural and Construction Engineering (Transactions of Architectural Institute of Japan), No.489, pp.1-7, 1996.11.

26) Ohama, Y. : Recent Progress in Research and Development Activities of Polymer Mortar and Concrete in Japan, Proceedings of the Forth Asia Symposium on Polymers in Concrete, pp.39-47, 2003.5.

27) Kano, T., Watanabe, F. and Konno, M. : Investigation of Epoxy Resin for Polymer Mortars for Pavement in Consideration of Environmental Problem, Proceedings of the 54th Annual Conference of the Japan Society of Civil Engineerings, 5, pp.442-443, 1999.8.

28) Umino, A., Yanai, T., Kubo, T. and Imai, T. : Rigolac for Resin Concrete-Development of Low-profile UP Resin without LPA, Proceedings of the 47th FRP CON-EX 2002, pp.13-14, 2002.

29) Yokota, K. and Yamaguchi, M. : Developments of Unsaturated Polyester Resin with Low Styrene Contents for Binders, Proceedings of the 44th FRP CON-EX '99 in NAGOYA, pp.127-128, 1999.

30) Lee, Y., Ohama, Y. and Demura, K. : Proposal for Proportioning for Lightweight Polyester Mortars, Proceedings of the Japan Concrete Institute, Vol.19, No.1, pp.361-366, 1997.6.

31) Kuromoto, M., Kawamura, A., Iwai, T. and Sumita, M. : Quantitative Evaluation of Interfacial affinity and Interaction between Fillers and Polymer Matrix on mmA Polymer Matrix on mmA Polymer Mortar, Concrete Research and Technology 9(2), pp.101-103, 1998.

32) Kondo, S., Kuroiwa, M. and Kurahashi, W. : Report on Large-depth, Long-distance Execution of Construction by Small-diameter Auto-matic Shield Tunneling System Employing the Cast-in-place Method, Paper Presented at the International Congress on Progress and Innovation in Tunneling, Toronto, 1989.

33) Fowler, D. W. : Status of Concrete-polymer Materials, Polymers in Concrete, Proceedings of the 6th International Congress on Polymers in Concrete, International Academic

Publishers, Beijing, p.18, 1990.

34) Kobayashi, K. and Ito, T.：Several Physical Properties of Resin Concrete, Polymers in Concrete, Proceedings of the 1st International Congress on Polymers in Concrete, Construction Press, Lancaster, pp.236-240, 1976.

35) Kobayashi, T. and Ohama, Y.：Low-Temperature Curing of Polymethyl Methacrylate Polymer Concrete, Transportation Research Record, No.1003, pp.15-18, 1984.

36) 大濱嘉彦, 出村克宣, 小宮山正：ポリエステルレジンコンクリートの強度などの性状に及ぼすスチレン－ポリエステル比の影響, 材料, Vol.29, No.318, pp.266-271, 1980.3.

37) Brocard, J. and Ciroddle, R.：Propriétés Fondamentales des Bétons de Résine, RILEM Bull., No.37, pp.221-231, 1967.

38) 大濱嘉彦：ポリマーコンクリートの耐久性, 接着協会誌, Vol.15, No.11, pp.536-547, 1979.11.

39) Steinberg, M. et al.：Concrete-Polymer Materials, 1st Topical Report, BNL 50134(T-509) and USBR Gen. Rep. 41, Brookhaven National Laboratory, Upton, New York, and U. S. Bureau of Reclamation, Denver, p.83, 1968.12.

40) 沼尾達弥, 福沢公夫, 岩松幸雄, 村上弘史：含浸材料のコンクリート中鋼材の防錆効果, セメント技術年報41, pp.181-184, 1987.12.

41) 田辺英夫, 西山直洋, 大山豊喜, 呉屋真徳：浸透性吸水防止材による鉄筋コンクリートの塩害防止効果についての一実験(沖縄での暴露試験), 日本建築学会大会学術講演梗概集(中国), pp.135-136, 1990.10.

42) 掛川勝, 桝田佳寛, 松林裕二, 小俣一夫：表面被覆材および浸透性吸水防止材の塩害防止に関する研究, コンクリート工学年次論文報告集, Vol.15, No.1, pp.709-714, 1993.6.

43) 桝田佳寛, 原 謙治, 松林裕二, 田中 斉, 本橋健司, 小俣一夫, 友沢史紀：表面被覆材および浸透性吸水防止材による鉄筋コンクリートの塩害劣化抑制効果に関する研究, 日本建築学会構造系論文報告集, Vol.433, pp.1-10, 1992.3.

44) 庄司広和, 桝田佳寛, 鹿毛忠継, 掛川勝：表面被覆材および浸透性吸水防止材による鉄筋腐食抑制効果に関する屋外暴露試験, コンクリート工学年次論文報告集, Vol.17, No.1, pp.901-906, 1995.6.

45) 宮川豊章, 菅島章文, 小林和夫, 岡田清：アルカリ骨材膨張による損傷を受けたコンクリート構造物の補修, コンクリート工学年次論文報告集, Vol.9, No.1, pp.621-626, 1987.6.

46) 日本建築仕上材工業会規格 NSK-004 (浸透性吸水防止材), 1991.11.

47) 日本建築学会：鉄筋コンクリート構造物の耐久性調査・診断および補修指針(案)・同解説, 丸善, 1997.1.

제 3 장 폴리머 콘크리트 복합체의 적용 사례와 사용법

3.1 미장재료

3.1.1 개요

미장공사란 모르타르, 인조석, 흙, 회반죽 등 가소성이 있는 재료를 벽, 천장, 바닥 등에 바르는 공사를 말하는 것으로써, 흙손으로 바르거나 뿜칠, 새시 주위의 모르타르 채우기 및 제물치장 콘크리트면의 마무리와 보수 등도 포함되며 건축물 마감에 빼놓을 수 없는 대표적인 공사이다[1]. 이 절에서는 최종 마무리 미장을 제외한 용도에 사용되는 미장재료용 폴리머 콘크리트 복합체에 대해서 기술한다.

건축공사가 발전함에 따라 최근에는 콘크리트벽 및 조적벽 이외에 PC콘크리트, ALC블록, 석고보드 등 바탕면이 다양하게 변화하고 있으며, 미장공의 기능 저하, 미장용 골재의 부족, 합성수지 재료의 보급, 모르타르 펌프 공법의 적용, 공장에서 미리 배합된 프리믹스 재료의 출현 등에 의해 이전의 시공법과는 다른 시공법이 적용되는 경우가 많아지고 있다.

표 3.1[2)~5)]과 같이 각종 품질 규격이나 기준이 각 단체에 의해 설정되어 있는데, 공장제품인 프리믹스 재료는 그 대부분이 폴리머 시멘트 모르타르를 채용하고 있다.

KS F 4716(시멘트계 바탕 바름재)에서는 폴리머 시멘트 모르타르의 배합에서 폴리머 혼화제의 사용량은 일반적으로 전체 고형분이 시멘트 중량의 4.5% 이상 되도록 규정하고 있다.

표 3.1 **미장재료의 주된 품질 규격 및 기준**

대상 재료	규격 및 기준
미장용 시멘트 모르타르	KS F 2262 (미장용 시멘트 모르타르 시험 방법)
바탕 조정 바름재	KS F 4716 (시멘트계 바탕 바름재)
얇은 마무리용 벽 바름재	KS F 4715 (얇은 마무리용 벽 바름재)
단열 모르타르	KS F 4040 (단열 모르타르)
마감용 바름재	KS F 3513 (경량 골재 마감용 바름재)
폴리머와 시멘트를 결합재로 하는 시멘트 모르타르	KS F 2476 (폴리머 시멘트 모르타르의 시험 방법)
콘크리트 구조물 보수용 폴리머 시멘트 모르타르	KS F 4042 (콘크리트 구조물 보수용 폴리머 시멘트 모르타르)
시멘트, 합성수지 등 결합재와 골재를 주원료로 하여 외장마감	KS F 4723 (복층 마감도장재)
바닥용 모르타르 (셀프 레벨링재)	KS F 4041 (시멘트계 자기수평 모르타르)

3.1.2 적용 사례

1) 건축용 바탕 조정 바름재

바탕 조정 바름재의 규격인 KS F 4716은 1992년에 시멘트계 바탕 바름재로 개정되었지만, 건축물의 내외장 마무리 공사에 바탕 조정용으로 사용되는 제품으로 국내에서 얇은 마무리용 벽 바름재와 함께 외단열 시스템 접착재의 인용 규격으로 주로 사용되고 있다. 그 후 2001년에 개정되어 품질기준 및 시험 방법에 대하여 관련된 외국 규격(JIS A 6909, DIN 52615, DIN 4108, ASTM E96) 및 관련 KS 규격과의 정합성을 유지하고, 현실에 부합한 규격으로 설정되도록 이루어졌다. 표 3.2는 KS F 4716에 규정

표 3.2 KS F 4716 : 2011에 규정된 시멘트계 바탕 바름재의 품질기준

항목	연도 변화 (%)	부착강도(N/mm^2)		내 잔갈림성	내충격성	물흡수 계수(W) $kg/(m^2 \cdot h^{0.5})$	온랭 반복작용에 대한 저항성	습기 투과성(sd) m
		표준 양생	저온 양생					
품질	0~15	1.1 이상	0.8 이상	잔갈림이 생기지 않을 것	갈림 및 벗겨짐이 없을 것	0.2 이하	갈림, 부풀음 및 벗겨짐이 없고, 부착강도가 $1.1N/mm^2$ 이상일 것	2 이하

된 시멘트계 바탕 바름재의 품질기준을 나타낸다.

시멘트계 바탕 바름재에 사용되는 폴리머는 시멘트 혼화용 폴리머 분산제를 주성분으로 하고, 이것에 소량의 셀룰로오스 에테르[6](증점제), 소포제 등 첨가제를 혼합한 것으로 이루어진다. 시멘트 혼화용 폴리머 분산계는 KS F 4916(시멘트 혼화용 폴리머)에 규정하는 휨강도, 압축강도, 접착강도, 흡수율, 투수량 및 길이 변화율이 규정에 적합한 것으로써 아크릴계, 아세트산 비닐계, 합성고무계 또는 이를 혼합하는 것으로 한다. 또한 재유화형 분말수지는 합성수지 에멀션을 분무 건조시킨 것으로, 물을 가했을 때 재유화하는 아크릴계, 아세트산 비닐계 등의 합성수지로 KS F 4916(시멘트 혼화용 폴리머)에 규정하는 휨강도, 압축강도, 접착강도, 흡수율, 투수량 및 길이 변화율이 규정에 적합한 것이어야 한다.

시멘트 모르타르 바름은 포틀랜드 시멘트를 주재료로 한 바름 공법이며, 이것은 강도, 내수성, 방화성이 있고 재료의 보급성 및 경제성도 높기 때문에 현재 가장 많이 사용되고 있는 공법 중 하나이다. 그러나 시멘트 재료의 특성상 건조수축이 크고 이에 따른 균열 및 박리 등 결함 발생이 많으므로, 충분한 건조시간을 확보하여 유의하면서 작업하는 것이 중요하다. 바탕처리는 메탈라스, 와이어라스 등 라스계 바탕과 콘크리트, 중공형 콘크리트 블록, 벽돌 등 구조체계 바탕의 2종류로 구분할 수 있다.

최근에는 골조인 구조체의 품질이 향상되고 혼화재료 등이 발달됨에 따라서 바름 두께가 얇아지고 있으며, 특히 얇은 바름재의 개발은 바름 두께를 최소화하여 구체의 중량을 줄이고 시공성을 향상시키기 위한 것이다. 마무리 두께는 공사시방에 따라 15mm 이상으로 하며 천장, 차양은 15mm 이하로 한다.

2) 경량 단열 모르타르

폴리머 시멘트 모르타르를 응용한 미장재료의 일례로 경량 단열 모르타르가 시판되고 있다. 경량 단열 모르타르는 무기질 결합재와 경량 골재를 주원료로 한다. 이것은 대체로 결로방지를 위한 건축물의 단열공사에 뿜칠, 흙손질 등으로 시공되며, 에틸렌 초산비닐 에멀션, 수용성 폴리머, 탄소섬유 및 경량 미소 중공체(마이크로 풍선)로 구성된 페이스트상의 혼화재를 혼합해 경화·건조시켜 만들 수 있다. 최근에는 판상형 단열재 등 시공성이 높은 단열재의 보급이 늘고 있어 건축물 내의 결로 발생이 우려되는 부분에 주로 적용되고 있는데, 단열 모르타르의 품질기준은 적절한 열전도율, 부착강도 및 내화성 또는 난연성이 있는 재료여야 하며, 외부 마감용은 내수성 및 내후성이 있는 것이어야 하고, 필요에 따라서는 외기에 의한 흡수, 흡습 등을 방지하기 위하여 방수성이 있는 도장이나 타일 등 별도의 마감을 고려해야 한다. KS F 4040(단열 모르타르)에서는 표 3.3과 같이 품질기준을 규정하고 있다.

표 3.3 **KS F 4040에 규정된 단열 모르타르 품질기준**

종류	열전도율(W/m · K)	부착강도(N/mm^2)	길이 변화율(%)
1종	0.071 이하	0.10 이상	0.5 이하
2종	0.095 이하		
3종	0.149 이하		

이 모르타르는 그림 3.1과 같이 유기질계 단열재료에 가까운 단열성능을 가지는 무기질계의 단열 및 결로방지재이다. 경화체의 비중이 0.3 정도로 일반적인 모르타르의 비중인 1.7~1.8에 비해 매우 경량이며, 탄소섬유나 폴리머의 혼입효과에 의해 내균열성이나 바탕과의 접착성도 우수하다. 또한 무기질 재료를 주성분으로 하고 있기 때문에 준불연 재료에 상당하는 방화성능을 가지고 있다.

그림 3.2 및 그림 3.3은 철근콘크리트구조 집합주택의 경계벽의 단열·결로 방지를 목적으로 한 시공 예이다. 최근에는 이러한 경량 단열 모르타르의 장점을 살려 외단열 공법의 개발도 행해지고 있다. 경량 단열 모르타르를 이용한 외단열 공법은 경량 단열 모르타르를 응용한 토벽구조 마무리재와 경량 단열 모르타르를 조합한 습식 외단열 공법이다. 그림 3.4는 경량 단열 모르타르를 이용한 외단열 공법의 개요다.

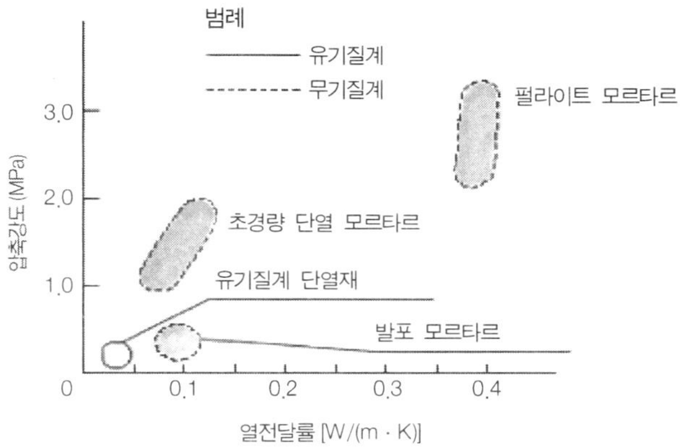

그림 3.1 **각종 재료의 단열성능(열전도율)**

그림 3.2 **경량 단열 모르타르의 바름**

그림 3.3 **시공이 완료된 경량 단열 모르타르**

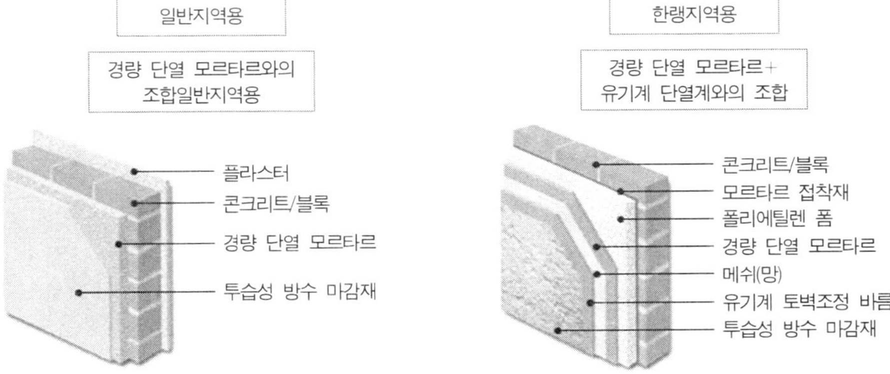

그림 3.4 **경량 단열 모르타르를 이용한 외단열 공법의 개요**

이 공법의 효과는 다음과 같다.

(1) 외기온의 유입을 차단하여 실내공기를 노점온도보다 낮지 않게 유지시켜 표면결로 발생과 마감재의 훼손을 방지해준다.

(2) 외기온의 변화에 따른 실내온도의 변동폭을 줄여 하절기에는 고온화를, 동절기에는 저온화를 방지하여 재실자의 쾌적한 환경을 조성한다.

(3) 대부분의 단열재는 경량 다공질적인 재료적 특성에 따라 흡음성과 차음성을 갖추고 있다.

(4) 외피를 통한 열획득 및 열손실을 감소시켜 실내환경을 쾌적한 상태로 유지하기 위해 필요한 냉·난방 에너지 비용을 감소시킨다.

(5) 생애주기비용(LCC)에서 유지관리비 절감과 건축물의 경제성을 제고시킨다.

(6) 무기질계 단열재를 적용할 때 방화재로써 가치를 갖출 수 있으며, 외단열로 적용할 때 내부결로를 방지하여 동해에 의한 구조체의 피해를 방지할 수 있다.

(7) 비중이 낮고 연질인 재료적 특성에 기인하여 소음차단 효과가 있다.

3) 기계화 시공(뿜칠 모르타르재)

환경대책의 관점에서 볼 때, 미장재료에 있어서도 시공 현장에서 나오는 산업폐기물의 저감, 시공환경의 개선이 요구되고 있는데, 그 개선책의 하나로 미장재료의 기계화 시공이 있다. 미장재료의 포장을 종래의 포대 포장으로 하지 않고 대형 사일로나 전용 컨테이너를 사용하게 되면, 실질적으로 시공 현장에서 폐기되는 포장재가 없어지게 되고 비빔의 기계화로 분진의 발생도 거의 억제할 수 있다. 해외, 특히 유럽 각국에서는 벌써부터 미장재료의 기계화 시공이 채용되어 넓게 보급되어 있는데, 시공시간을 단축하여 효율성을 높일 수 있을 뿐만 아니라 비용 측면에서도 장점이 있어 널리 사용되고 있으며, 에너지 절약 및 비용절감을 위해 경량골재를 활용한 뿜칠 모르타르도 일부 유럽에서는 사용되고 있다. 그림 3.5는 독일의 미장재료 기계화 시공 상황이다.

뿜칠 모르타르재는 타일 바탕으로 상정되어 있으며 콘크리트 바탕에 시멘트 모르타르 바름의 안전성이 평가되어 있지만, 뿜칠 기계를 사용하는 공법이고 초기 투자가 필요하기 때문에 생산량은 감소되는 경향이었다. 그러나 대규모 시공 현장에서 사용하는 경우가 늘고 있어 최근에는 다시 증가하는 추세이다. 그림 3.6[7], 그림 3.7 및 그림

3.8은 기계화 시공 시스템의 개요를, 또한 그림 3.9~3.11은 뿜칠 공법에 의한 타일 바탕용 폴리머 시멘트 모르타르의 시공 예를 나타낸다.

그림 3.5 **독일의 기계화 시공 상황**

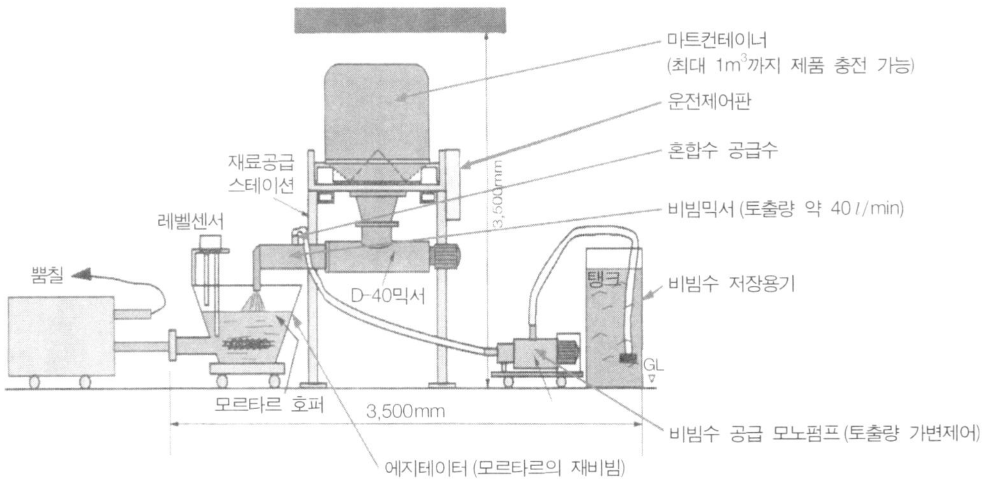

그림 3.6 **기계화 시공 시스템(마트컨테이너 시스템)의 개요**

그림 3.7 기계화 시공 시스템의 설치 예

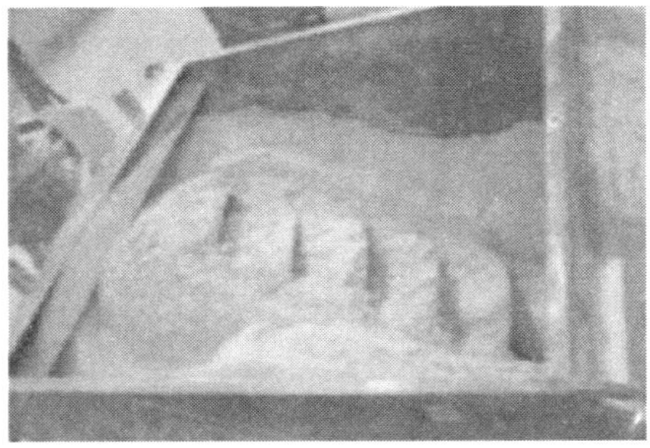

그림 3.8 기계화 시공 시스템에 의한 비빔상황

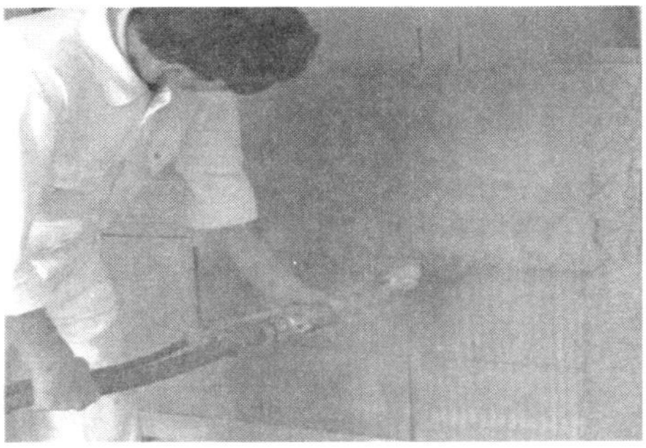

그림 3.9 시멘트 모르타르의 뿜칠

그림 3.10 규준대를 이용한 고르기

그림 3.11 석고 모르타르의 뿜칠

그림 3.12 규준대를 이용한 고르기

그림 3.13 시멘트 모르타르 마무리 후 표면

그림 3.14 석고 모르타르 마무리 후 표면

4) 화학섬유 혼입 모르타르

미장재료의 균열 방지나 작업성 개선뿐만 아니라 박리·낙하의 방지효과를 부가하기 위해서 시멘트계 미장재료에도 각종 화학섬유가 사용되고 있다. 미장재료에 사용되는 대표적인 화학섬유로는 나일론섬유, 비닐론섬유, 아크릴섬유 등을 들 수 있다.

콘크리트 구체에 미장재료를 기계적으로 고정하는 전용 기구와 나일론섬유를 혼입한 타일 바탕 모르타르를 병용한 타일박락방지 공법이 개발되었으며 이미 실용화되고 있다[8]. 그림 3.15는 타일박락방지 공법의 개념을 나타낸다[9]. 이 공법에 사용되는 타일 바탕 모르타르에는 앞에서 설명한 뿜칠 모르타르재나 건축용 바탕 조정 바름재 등의 폴리머 시멘트 모르타르가 채용되는 경우가 많다.

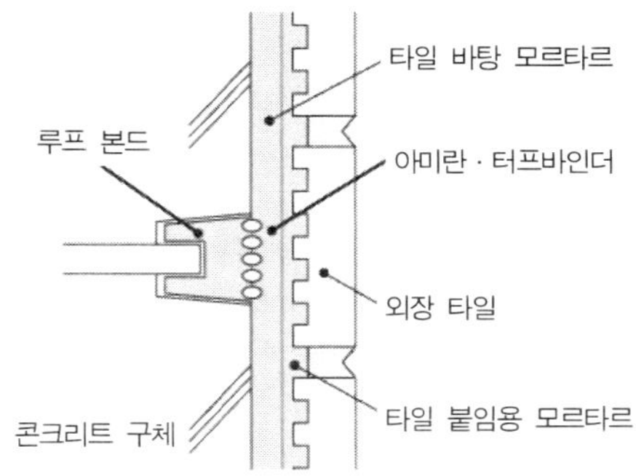

그림 3.15 **타일박락방지 공법(루프 본드 · 터프 바인더 병용 공법)의 개념**

3.2 마무리 바름재

3.2.1 개요

마무리 바름재는 콘크리트, 모르타르 등 각종 시멘트계 바탕의 내벽, 외벽 및 천장에 뿜칠 또는 롤러칠을 하는 공사에 적용된다. 마무리 바름재의 분류, 품질 등은 KS F 4715(얇은 마무리용 벽 바름재)로 집약되어 있다. KS F 4715에 규정된 마무리 바름재는 그 대부분이 폴리머를 결합재 또는 혼화재로 채용하고 있다.

건축용 바탕 조정 바름재의 규격인 KS F 4715는 2001년에 건축용 마무리 바름재의 바탕 조정 바름재로 개정되었지만, 현실성이 결여된 시험 방법 및 품질기준 등으로 인하여 규격의 활용도가 저하되어 국제 규격과의 부합성을 유지하고 현실에 부합한 규격을 설정하도록 이루어졌다.

표 3.4는 KS F 4715에 규정된 건축용 얇은 마무리용 벽 바름재의 종류 및 품질기준을 나타낸다.

표 3.4 **KS F 4715에 규정된 건축용 얇은 마무리용 벽 바름재의 종류 및 품질기준**

<table>
<tr><th colspan="2" rowspan="2">항목</th><th colspan="2">종류</th></tr>
<tr><th>외장 얇은 바름재</th><th>내장 얇은 바름재</th></tr>
<tr><td colspan="2">저온 안정성</td><td>덩어리가 없고, 조성물의 분리 · 응집이 없을 것.</td><td>덩어리가 없고, 조성물의 분리 · 응집이 없을 것.</td></tr>
<tr><td colspan="2">초기건조에 따른 내잔갈림성</td><td>잔갈림이 생기지 않을 것.</td><td>잔갈림이 생기지 않을 것.</td></tr>
<tr><td rowspan="2">부착강도 (N/mm^2)</td><td>표준상태</td><td>0.6 이상</td><td>0.4 이상</td></tr>
<tr><td>침수 후</td><td>0.4 이상</td><td>–</td></tr>
<tr><td colspan="2">온랭 반복작용에 대한 저항성</td><td>시험체의 표면에 벗겨짐, 잔갈림, 부풀음이 없고, 또한 현저한 변색 및 광택저하가 없으며 부착강도가 0.4N/mm^2 이상일 것.</td><td>–</td></tr>
<tr><td colspan="2">물흡수 계수(W) kg/(m^2 · h$^{0.5}$)</td><td>0.2 이하</td><td>–</td></tr>
<tr><td colspan="2">내세척성</td><td>벗겨짐, 마모에 의한 밑판의 노출이 없을 것.</td><td>벗겨짐, 마모에 의한 밑판의 노출이 없을 것.</td></tr>
<tr><td colspan="2">내충격성</td><td>잔갈림, 두드러진 변형 및 벗겨짐이 없을 것.</td><td>잔갈림, 두드러진 변형 및 벗겨짐이 없을 것.</td></tr>
<tr><td colspan="2">내알칼리성</td><td>갈라짐, 부풀음, 벗겨짐, 녹아남이 없고 침투되지 않은 부분에 비해 선명하지 않거나 변색이 현저하지 않을 것.</td><td>갈라짐, 부풀음, 벗겨짐, 녹아남이 없고 침투되지 않은 부분에 비해 선명하지 않거나 변색이 현저하지 않을 것.</td></tr>
<tr><td colspan="2">내후성</td><td>잔갈림, 벗겨짐이 없고 변색이 표준회색 색표 3호 이상일 것.</td><td>–</td></tr>
<tr><td colspan="2">습기 투과성(sd) m</td><td>2 이하</td><td>–</td></tr>
<tr><td colspan="2">내변퇴색성</td><td>–</td><td>잔갈림, 벗겨짐이 없고 변색이 표준회색 색표 3호 이상일 것.</td></tr>
<tr><td colspan="2">연소성능</td><td>–</td><td>난연성[a]</td></tr>
<tr><td colspan="2">가요성</td><td>–</td><td>잔갈림 및 벗겨짐이 생기지 않을 것.</td></tr>
</table>

a : 난연성의 성능은 총방출열량이 8MJ/m^2 이하, 최대 열방출률이 10초 이상 연속으로 200kW/m^{2}를 초과하지 않으며, 시험체를 관통하는 방화상 유해한 균열, 구멍 및 용융이 없을 것, 가스유해성 시험결과 평균 행동정지 시간이 9분 이상일 것.

1) 폴리머 시멘트계 복층 도장재(복층도장재 CE)

주재의 결합재로 시멘트를 이용하고, 이것에 시멘트 혼화용 폴리머 디스퍼전 또는 재유화형 분말수지를 혼합한 것이다.

2) 유연성 폴리머 시멘트계 복층 마무리 바름재(유연성 복층바름재 CE)

주재의 결합재로 시멘트를 이용하고, 여기에 시멘트 혼화용 폴리머 디스퍼전 또는 재유화형 분말수지를 혼합한 것으로, 거동이 작은 바탕의 균열에 대한 저항성을 가지도록 주재에 유연성을 부여한다.

3) 방수형 폴리머 시멘트계 복층 마무리 바름재(방수형 복층바름재 CE)

주재의 결합재로 시멘트를 이용하고, 이것에 고탄성 시멘트 혼화용 폴리머 디스퍼전을 혼합한 것으로, 신축성이 있어 바탕에 발생하는 균열에 대한 피복능력이 크고 빗물 등 외부로부터 물을 차단하는 효과가 크다. 또 내후성을 부가한 내후형은 그 등급에 의해 내후형 1종, 내후형 2종 및 내후형 3종으로 구분되어 있다.

3.2.2 적용 사례

1) 견출에 의한 수지미장 마무리 바름재

콘크리트를 타설하기 위해 사용한 거푸집을 제거한 다음 거푸집 접합부를 그라인더로 갈아내고, 거푸집의 수밀성, 묽은 콘크리트의 단위수량, 콘크리트를 타설할 때의 다짐 등 다양한 요인에 의해 발생된 곰보 등을 입도 조정된 전용 시멘트 모르타르로 보수 및 보강을 한 후, 시멘트 페이스트를 콘크리트 표면에 얇게 발라서 마무리하는 공사를 말한다.

이전에 시멘트 모르타르에 의해 마무리되던 것을 시공의 편리성 및 생산성 향상을 위해 개발되었으며, 공동주택의 보급률이 높아지고 거푸집공사가 기존 합판거푸집에서 유로폼의 적용 및 알루미늄, 합성수지 등의 재질로 변화하면서 품질이 향상되면서 공동주택 등 건축공사에 널리 적용되고 있다.

견출공사의 마감용 재료는 일반 시멘트 모르타르를 사용하지 않고 순 시멘트 페이스트를 사용하며, 현장에서 일반 포틀랜드 시멘트에 접착 증진과 보수성을 가진 메틸셀룰로오스계 수용성 분말[10]을 혼합하여 물 비빔해서 사용한다.

견출공사에서 중요한 물성은 작업성, 물곰보, 닦임성, 말림성, 건조속도 등이 있다. 그림 3.16은 콘크리트 벽면에 작업성을 평가하는 모습이며 그림 3.17은 물곰보 현상을 나타낸다[28].

콘크리트 벽이나 천장 등에 견출작업을 할 경우, 콘크리트 표면의 작은 요철이나 곰보 등을 메울 견출 바름재인 시멘트 페이스트의 품질 확보에 대한 어려움을 개선하고 작업능률을 향상시키기 위하여 개발된 1~3mm 정도의 두께 마감이 가능한 것으로써, 얇은 바름재 미장 또는 박막미장이라고도 한다.

일반적으로 견출작업에 사용되는 시멘트 페이스트는 두께를 가질 수 없는 특성 때문에 바탕면의 미세한 시공오차 조정이 어렵고, 또한 콘크리트 생산과정에서 발생한

그림 3.16 **견출작업성 평가**

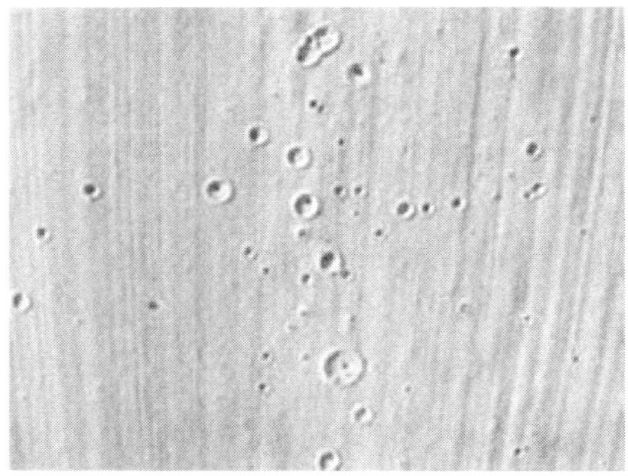

그림 3.17 **견출할 때 표면에 발생한 물곰보**

그림 3.18 **수지미장 시공의 예**

표면의 작은 곰보를 메울 수 없는 데 반해 수지미장용 모르타르는 시멘트 페이스트보다 점도를 높여 작업성이 좋으며 소정의 두께 확보가 가능하기 때문에 도장공사 등 최종 마감의 바탕재로써 품질구현이 가능한 특성을 갖는다. 수지미장 모르타르는 무기질계인 일반 시멘트 모르타르에 고분자 화합물인 분말수지 및 증점제인 셀룰로오스 에테르 등의 재료가 혼합되어 있는 것으로써, 보습성, 바탕과의 부착성 그리고 우수한 작업성을 발현하게 된다. 그림 3.18은 수지미장 시공을 나타낸 것이다[28].

2) 석재조(石材調) 마무리 바름재

석재조 마무리 바름재는 합성수지 에멀션 등의 결합재와 규사, 도자기질 파쇄립, 경량 잔골재 등의 골재를 주원료로 하여 이것에 무기질 분체, 착색제, 혼화재료 등을 혼합한 것으로[11], 폴리머 모르타르의 일종이다. 그 명칭이 나타내듯이 화강암이나 사암의 의장성과 유사한 마무리를 얻을 수 있는 마무리 바름재로, 주로 건축물의 내외장 마무리에 이용되며 뿜칠, 흙손 바름 등에 의해 두께 3~6mm 정도로 시공된다. 천연석재는 표현이 불가능한 곡면 시공이 가능하며 줄눈을 하지 않기 때문에 다양한 마무리를 얻을 수 있는 재료이다.

석재조 마무리 바름재의 품질에 관해서는 2002년에 일본 건축 마무리재 공업회의 품질기준으로 NSKS-011(석재조 마무리 바름재)이 제정되었다. 우리나라에서는 스톤코트로 알려져 있으며, 그림 3.19는 석재조 마무리 재질감을, 그림 3.20~3.21[11),12)]은 석재조 마무리 바름재의 시공 예를 보여준다.

(a) 그림자 석조 (b) 사암조 (c) 화장줄눈 사양

그림 3.19 **석재조 마무리 바름재의 표면**

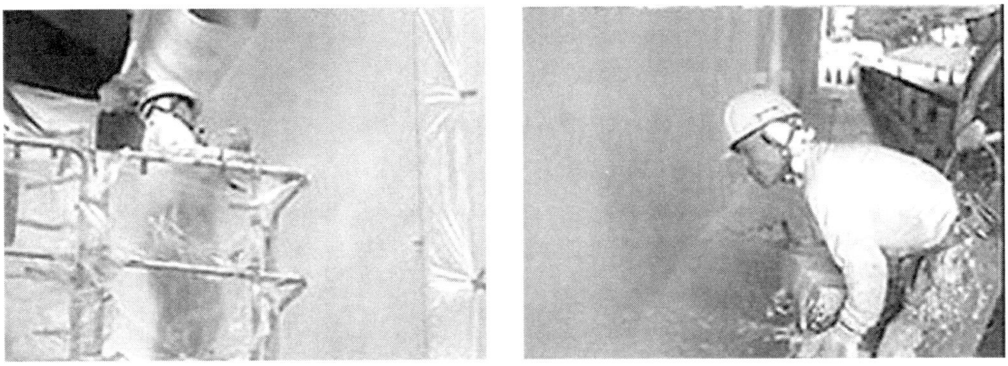

(a) 시공 예 ①　　(b) 시공 예 ②

그림 3.20 **석재조 마무리 바름재의 뿜칠시공**

(a) 시공 예 ①　　(b) 시공 예 ②　　(c) 시공 예 ③

그림 3.21 **석재조 마무리 바름재의 시공 예**

3) 조습형(調濕形) 내장마무리 바름재

조습성을 가지는 마무리 바름재는 일반적으로 규조토를 배합한 재료를 가리키는 것이나, JIS A 6909(건축 마무리 바름재)의 재료 구분에서는 결합재의 한 종류로 구분되어 있다. 이미 시판되고 있는 규조토를 배합한 마무리 바름재는 다종다양한 결합재를 사용하고 있어 JIS A 6909에서 재료 구분이 곤란하기 때문에 '조습형'이라고 하는 성능 표시로 구분하고 있다[13]. 결합재로 폴리머를 사용한 규조토 배합 마무리 바름재도 시판되고 있어 다른 결합재를 사용한 규조토 배합 마무리 바름재와 동등한 조습성능을 가지고 있는 것이 확인되었다[14].

그림 3.22는 시판되고 있는 조습형 내장마무리 바름재의 조습성능을, 그림 3.23은 조습형 내장마무리 바름재의 시공 예를 나타낸다[15].

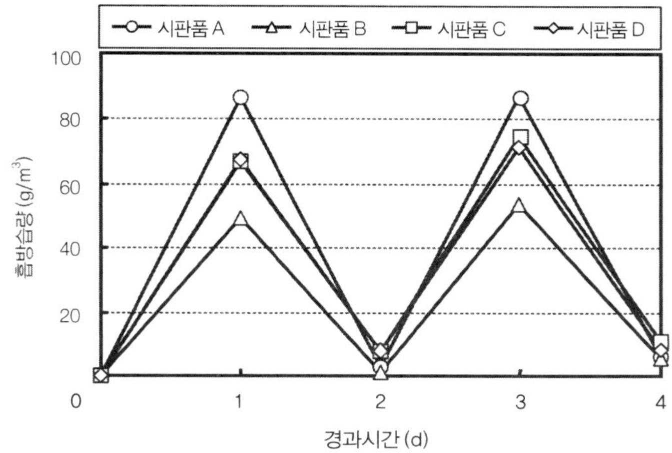

그림 3.22 **조습형 내장마무리 바름재의 조습성능(시험 방법 : NSKS-010)**

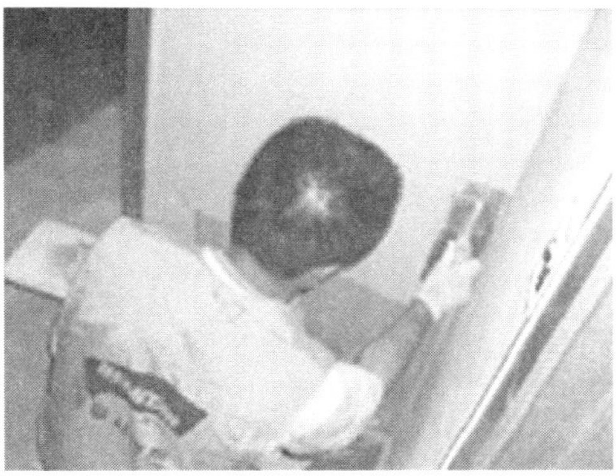

(a) 시공 예 ①

(b) 시공 예 ②

(c) 시공 예 ③

(d) 시공 예 ④

그림 3.23 **조습형 내장마감 바름재의 시공 예**

3.3 타일 접착재

3.3.1 개요

타일 붙임 공사에 사용되는 접착재는 사용된 결합재의 종류에 따라 무기계 접착재, 유기계 접착재, 유무기 복합형 접착재(폴리머 시멘트 모르타르의 대표적인 용도임)로 나눌 수 있다. 결합재에 따른 타일 접착재의 특징은 표 3.5와 같다.

표 3.5 **결합재에 따른 타일 접착재 특징**

<table>
<tr><th>구분</th><th colspan="2">특징</th><th>장점</th><th>단점</th></tr>
<tr><td>무기계 접착재</td><td colspan="2">시멘트와 같은 순수 무기물로 구성되어 있는 접착재로써 수화반응에 의해 경화함.</td><td>– 내수성이 우수함.
– 경제적임.</td><td>– 유연성이 부족하여 작업성이 저하.
– 신축성이 부족.
– 개방시간이 짧음.
– 현장에서 물 혼합에 따른 시공성 부족함.
– 현장에서 물 혼합에 따른 정확성 부족함.</td></tr>
<tr><td rowspan="2">유기계 접착재</td><td rowspan="2">페이스트형의 접착재로써 경화 방법에 따라 2가지 유형이 있음.</td><td>자 연 건조형</td><td>– 시공이 편리하고 유연성 이 뛰어나 작업성 우수함.
– 타일 · 하지면과의 수축에 대응하는 신축성이 우수함.
– 개방시간이 길다.</td><td>– 수분 건조형으로 양생시간이 길다.
– 내수성의 한계로 시공부위가 제한적임.
– 바탕면 및 타일의 종류에 따라 시공품질이 다를 수 있음.(비흡수 바탕재에 적용이 어려움)</td></tr>
<tr><td>반 응 경화형</td><td>– 우수한 접착력
– 보수성을 필요로 하지 않아 엷은 시공이 가능함.
– 경화속도가 빠름.</td><td>– 시공이 어렵고 고비용이 발생함.
– VOC 환경부하가 크다.</td></tr>
<tr><td>유무기 복합형</td><td colspan="2">폴리머 시멘트 모르타르의 대표적인 용도임.
유기계의 종류에 따라 분말유기계 혼합형과 액상 유기계 혼합형으로 나눌 수 있음.</td><td>– 내수성 · 신축성이 우수함.
– 시멘트의 수화반응에 의해 경화되므로 타일 본드에 비해 양생이 빠름.
– 폴리머와 시멘트의 복합 매트릭스 형성에 의해 접착강도가 우수함.
– 시공부위가 다양함.
(내장, 외장, 바닥타일 및 비흡수 바탕재)</td><td>– 무기계 접착재에 비해 양생기간이 다소 늦음.
– 무기계에 비해 고가임.
– 빠른 폴리머 필름 형성으로 믹서기, 트로웰 등 청소에 주의에 주의가 필요함.</td></tr>
</table>

3.3.2 적용 사례

1) 유무기 복합형 접착재

표 3.5에 나타낸 바와 같이 폴리머 시멘트 모르타르와 같은 유무기 복합형 접착재는 무기계 접착재와 비교해 양생시간이 다소 늦어지는 단점이 있지만, 내수성, 내마모성, 내화학성 및 접착강도가 우수하며 시공부위가 다양한 장점이 많아 최근 타일 접착재로 각광을 받고 있다. 타일 접착재용 폴리머 시멘트 모르타르에 사용되는 대표적인 혼화제는 보수성, 증점성, 작업성 향상 등을 부여하는 하이드록시프로필 메틸셀룰로오스(HPMC), 하이드록시에틸 메틸셀룰로오스(HEMC) 및 변성 셀룰로오스 에테르이며[16)~19)], 복합매트릭스 형성을 통해 접착강도, 신장률, 동결융해 저항성 등을 부여하는 폴리머 결합재에는 에틸렌 초산비닐(EVA) 에멀션, 폴리아크릴산 에스테르(PAE)와 그 공중합 에멀션 및 스티렌 부타디엔 고무(SBR) 라텍스가 중심이 되고 있다[20)].

특히, ISO 13007에서 성능으로 명시하고 있는 슬립 및 개방시간(open time) 강도를 만족하기 위해서는 수용성 폴리머인 셀룰로오스 에테르가 필수적으로 요구되며, 다양한 양생조건에서 높은 접착강도를 발현하기 위해서는 폴리머 라텍스의 사용이 반드시 필요하다.

최근에는 현장에서 시멘트, 골재, 셀룰로오스 에테르 및 폴리머 디스퍼전을 물과 섞어 비빔하는 번잡함을 고려하고, 현장에서 감리(監理)나 폐기물을 삭감하는 관점에서 재유화형 분말수지를 혼입한 드라이믹스 모르타르가 주류를 이루고 있다.

그러나 아직까지도 타일 접착용 폴리머 시멘트 모르타르가 널리 보급되지 못한 것이 현실이며, 세계적 추세로 보면 타일의 현장바름 시장에 있어서 타일붙임용 폴리머 시멘트 모르타르의 사용 비율은 많아야 20% 정도로 추측되며, 최근 중국, 인도, 브라질, 러시아 등 이머징 시장을 중심으로 타일 접착용 폴리머 시멘트 모르타르의 사용량은 해마다 증가 추세에 있다.

타일 접착은 타일의 종류나 피착재(바탕면) 흡수율과 평활도, 공사의 규모, 요구성능 등에 따라 다양한 시공법이 적용되며 공법에 따른 시공능률도 상당한 차이를 갖는다.

표 3.6에서는 타일 접착재의 시공 방법에 따른 장·단점을 나타내며 그림 3.24~3.27은 각 시공법에 따른 현장시공 사례를 나타낸다[21)].

표 3.6 **시공 방법에 의한 장·단점 비교**

	압착 공법	개량압착 공법	개량떠붙임 공법	바닥압착 공법
장점	- 시공능률 양호 - 시공비 저렴 - 백화 방지 - 접착력 대체로 양호	- 비흡수질 타일 시공 가능 - 바탕면 평활도가 좋으면 비숙련자도 시공 가능	- 타일면 조정 양호 - 흡수율 적은 타일 시공 가능 - 양호한 접착력	- 시공능률 양호 - 접착력 양호
단점	- 바탕면 정밀도 필요 - 개방시간 강도 중요	- 압착공업 대비 시공능률 저하	- 압착공법 대비 시공능률 저하	- 바탕면 정밀도 필요 - 오픈타임 강도 중요 - 비흡수타일 시공 어려움

그림 3.24 **압착 공법 시공**

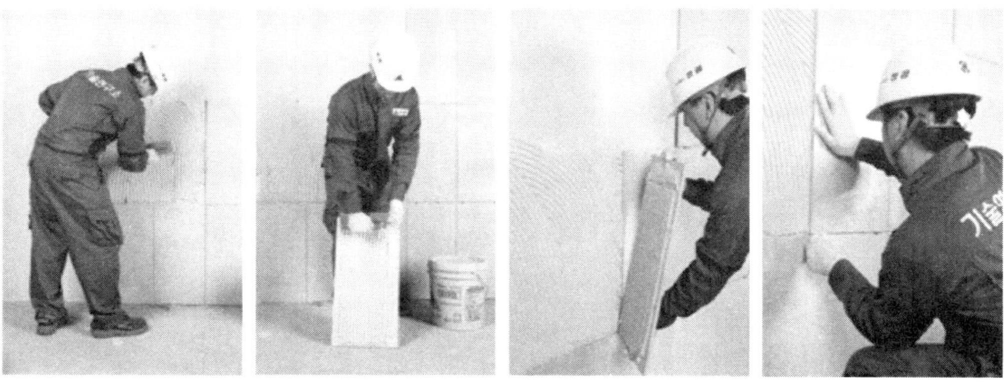

그림 3.25 **개량압착 공법 시공**

그림 3.26 **개량떠붙임 공법 시공**

그림 3.27 **바닥압착 공법 시공**

2) 유기계 접착재

유기계 접착재는 부착력이 우수하고, 타일 부착가능시간이 길며 운반, 적재가 용이하여 상대적으로 편리한 시공 및 시공비가 저렴하나, 내수성 및 저온 저장성이 떨어지고 양생기간이 긴 단점을 가지고 있다. 따라서 유기계 접착재는 내장용도에 주로 사용되며, SBR 라텍스나 PAE 에멀션을 이용한 제품이 널리 보급되어 있다. 또 내장의 돌붙임을 할 때 실리콘수지 등의 접착재가 일부 사용되어 왔다.

유기계 접착재에 의한 외벽 타일붙임 공법은 내구성이나 내화성에 대한 객관적인 자료가 적어 일반적으로 사용되지 않았지만, 접착재 제조기술의 발전에 의해 '탄성 접착재'라고 불리는 접착재가 출현하고 나서 타일붙임 외벽의 보수공사에 이용하게 되었으며, 주택의 외장 타일붙임에 유기계 접착재가 이용된 예도 있으며 이미 10년 이상 사용한 실적이 있다. 이러한 유기계 접착재는 에폭시수지, 폴리우레탄수지, 실리콘수지 단독의 것 외에 변성 실리콘수지와 에폭시수지를 조합한 새로운 기술도 채용되고 있는데, 장기 내구성 확인이나 실제 현장에서 사용 실적 축적에 따라 주목해야 할 재료이지만 한편으로 가격저감이 향후 해결해야 할 과제이다.

그림 3.28[22]과 그림 3.29 및 그림 3.30[22]은 탄성 접착재(변성 실리콘+에폭시수지계)의 접착기구 개요 및 성능의 일례이다. 또한 그림 3.31[21]은 유기계 접착재의 대표적인 시공 방법을 소개하고 있다.

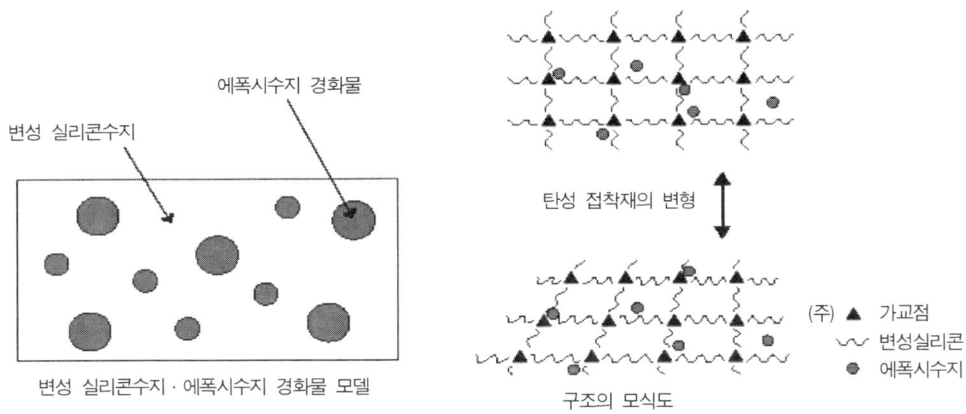

탄성 접착재의 추종성 : 고무상 탄성을 갖는 변성 실리콘이 변형하는 것에 의해 재료에 추종한다.

그림 3.28 **변성 실리콘, 에폭시수지계 탄성 접착재의 접착기구의 개요**

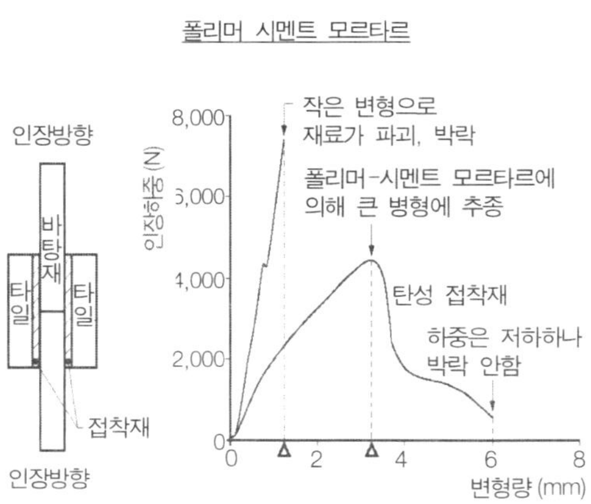

그림 3.29 **제로스팬 텐션 시험에 의한 인장하중-변형량 관계(단위 : mm)**

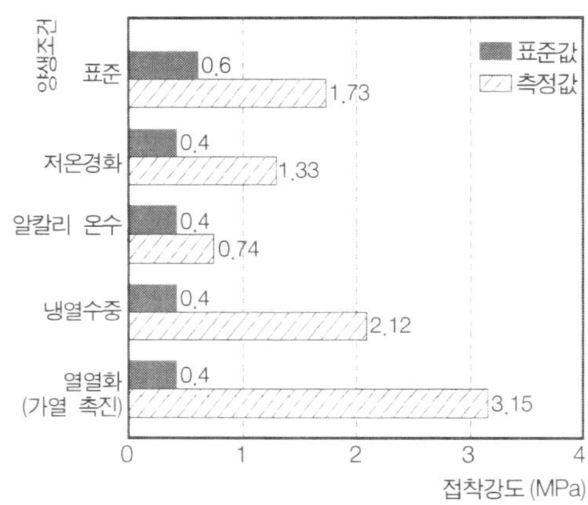

그림 3.30 **외장타일, 돌붙임 시스템용 접착재의 품질기준(안)에 기초한 접착내구성**

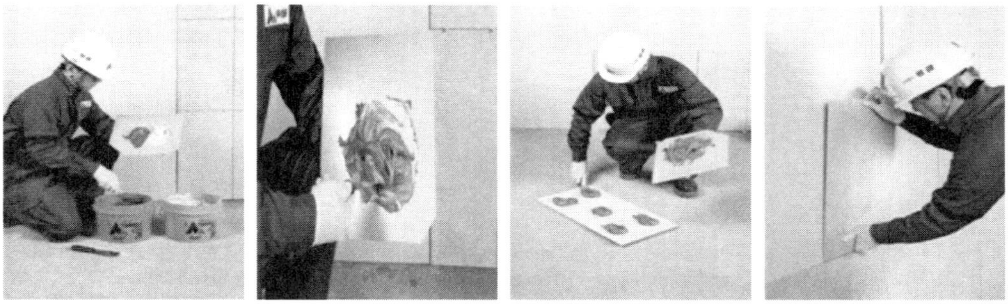

그림 3.31 **유기계 접착재 떠붙임 공법**

3) 무기계 접착재

무기계 접착재는 시멘트를 결합재로 하여 골재 등과 혼합된 것으로 시멘트 수화반응에 의해 경화되는 특징을 지닌다. 시멘트 수화반응에 의해 경화가 되므로 자연건조형 유기계 접착재보다 양생시간이 빠르고 내수성이 우수한 장점이 있지만, 개방시간이 짧고 작업성이 떨어지며 유연성 및 신축성 문제로 인한 수축, 팽창으로 타일 융기 및 탈락현상이 빈번하게 발생하며 그림 3.32와 같이 다양한 하자를 발생시키기도 한다[27]. 특히 이런 하자는 시공 후 1~2년의 상당기간 경과 후에 나타나는 경우가 많으므로 무기계 접착재의 시공 및 양생에는 특히 주의를 요한다.

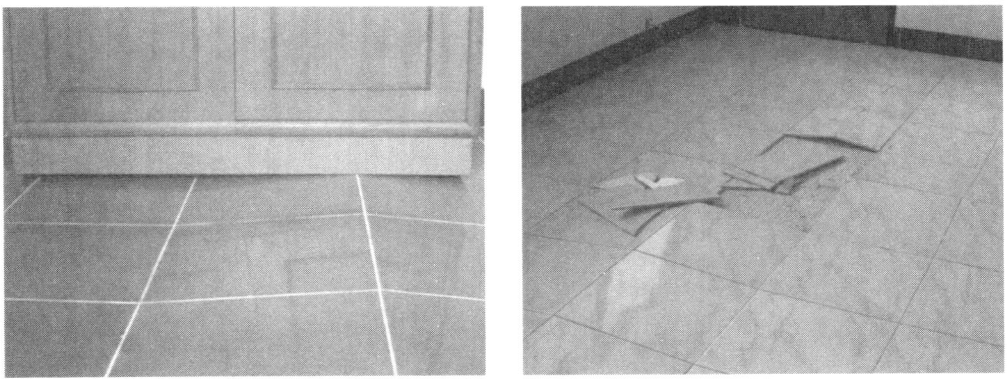

그림 3.32 **타일 접착의 하자 사례(타일 융기 및 타일 탈락)**

4) 내한능력을 향상시킨 유기계 접착재

종래의 유기계 접착재는 편리한 시공, 우수한 부착력 및 타일 부착가능시간이 양호하여 내장용 타일 접착에 많이 사용되어 왔으나 저온 안정성이 떨어져 겨울철 시공 및 저장에 어려움이 있었다. 근래에 개발된 내한능력을 향상시킨 유기계 접착재는 합성공중합수지와 충전재 및 첨가제 외에 동결 방지 역할을 하는 특수 첨가제 조합으로 설계된 기능성 도기질, 자기질 타일 접착재로 겨울철 영하의 기온에서 제품의 동결 억제는 물론, 극한의 추위에 동결되어도 겔(gel)상태로의 물리적 변화를 억제하여 동결 후에도 제품을 용해시킨 후 재사용이 가능하다. 내한용 유기 접착재는 빙점이 극히 낮은 특정한 용질을 첨가하여 이것이 산화하면서 발생되는 흡열반응으로 인해 동결점을 낮추며 빠른 융해효과가 나타나 제품의 물리적 결함을 최소화하여 겨울철에도 보관이 양호하고 시공성이 좋은 특성을 지닌다.

그림 3.33은 기존 유기계 접착재와 근래에 국내에 새로 소개되고 있는 내한능력을 향상시킨 유기계 접착재로서 동결융해 후 접착재의 성능을 극명하게 보여준다[21]. 기존 유기계 접착재는 겔이 형성되어 작업할 수 없는 유동성을 보이지만 내한성능을 향상시킨 제품은 동결 전과 유사한 유동성을 보이는 것을 확인할 수 있다.

(동결 전) (융해 후) (동결 전) (융해 후)

(a) 기존 유기계 접착재 (b) 내한성능을 향상시킨 유기계 접착재

그림 3.33 **동결융해 후 모르타르 성능 비교**

3.3.3 관련 기준[23]

타일 접착재에 관한 국내규격은 KS L 1592(도자기질 타일 시멘트) 및 KS L 1593(도자기질 타일용 접착재)이며, 국제규격은 ISO 13007[Ceramic Tile Products for Installation

(Prepared Mortars, Adhesives and Grouts)]이다. 표 3.7 및 표 3.8에 국내규격과 국제규격에 규정된 타일 접착재의 분류를 비교하여 나타내었고, 표 3.9 및 표 3.10에는 각 규격 간의 성능 규정의 차이를 나타내었다.

KS L 1592 및 KS L 1593 규정은 일본의 JIS 규격을 따른 것으로 타일 접착재의 분류, 성능 규정 및 실험 방법 등에 있어서 국제규정인 ISO 13007과 크게 다르다. 특히 KS는 양생 방법에 따른 접착강도 규정이 상이한 반면 ISO는 양생 방법에 따른 접착강도를 모두 동일하게 규정하고 있어 좀 더 강화된 규정이라 할 수 있다. 또한 ISO는 사용되는 용도의 요구특성에 따라 고강도형, 속경성, 처짐저항성, 개방시간 연장형 등으로 기능별 성능분류를 하고 있어 사용자들이 요구하는 특성에 따라 쉽게 제품을 선택하여 사용할 수 있도록 하고 있다. 최근에는 다양한 바탕재에 적용이 가능하며 자기질 타일 등과 같은 저기공 타일재질, 대형 타일, 신공법, 인조석 등을 고정하기 위한 신뢰성, 안정성, 효율성이 확보된 제품에 대한 요구가 높아지고 있다. 또한 타일 접착재 관련 규정인 ISO 13007은 유럽 국가 외에도 미국, 캐나다, 오스트리아, 터키, 중국, 싱가포르 등 국가에도 이미 도입되었고, 이에 따라 국내에서도 KS 규격의 ISO 부합화를 통한 타일 접착재의 고품질화 필요성이 제기되어 2011년에 KS ISO 13007이 제정되기에 이르렀다.

표 3.7 **KS와 ISO에 규정된 타일 접착재의 분류**

<table>
<tr><th colspan="3">KS</th><th colspan="3">ISO</th></tr>
<tr><td rowspan="4">KS L 1592</td><td rowspan="2">제품 성능</td><td>1종</td><td rowspan="11">ISO 13007</td><td rowspan="5">일반형
(C1)</td><td rowspan="2">속경형</td></tr>
<tr><td>2종</td></tr>
<tr><td rowspan="2">용도</td><td>접착용</td><td rowspan="3">처짐저항형</td></tr>
<tr><td>줄눈용</td></tr>
<tr><td rowspan="7">KS L 1593</td><td rowspan="3">용도(바탕상태
및 사용환경)</td><td>타입 I</td></tr>
<tr><td>타입 II</td><td rowspan="6">개량형
(C2)</td><td rowspan="2">속경형</td></tr>
<tr><td>타입 III</td></tr>
<tr><td rowspan="4">주성분</td><td>합성고무계 라텍스형</td><td rowspan="2">처짐저항형</td></tr>
<tr><td>합성수지계 에멀션형</td></tr>
<tr><td>에폭시 변성 합성고무계 라텍스형</td><td rowspan="2">개방시간
연장형</td></tr>
<tr><td>에폭시수지계 반응경화형</td></tr>
</table>

표 3.8 유럽 ISO 13007에 규정된 시멘트계 타일 접착재의 분류 상세

종류 구분			정의
일반형	C1		일반형 시멘트계 접착재
		F	속경성 시멘트계 접착재
		T	처짐저항성 강화형 일반 시멘트계 접착재
		FT	처짐저항성 강화형 속경형 시멘트계 접착재
개량형 (고강도형)	C2		고성능형 시멘트계 접착재
		E	개방시간 강화형 고성능형 시멘트계 접착재
		F	속경형 고성능 시멘트계 접착재
		T	처짐저항성 강화형 고성능 시멘트계 접착재
		TE	처짐저항성 및 개방시간 강화형 고성능 시멘트계 접착재
		FT	속경성 및 처짐저항성 강화형 고성능 시멘트계 접착재

예) C2TE : 처짐저항성과 개방시간이 개선된 고강도형 시멘트계 타일 접착재

표 3.9 KS L 1592 및 KS L 1593의 성능 규정

KS L 1592

시험 항목 \ 종류			접착용 1종	접착용 2종
위치 교정도(분)			20 이상	30 이상
전단 접착 강도 (MPa)	7일 기건양생	A형 타일	1.03 이상	1.38 이상
		C형 타일	0.35 이상	0.98 이상
	4주 기건양생	A형 타일	1.03 이상	1.38 이상
		C형 타일	1.03 이상	1.03 이상
	4주 기건양생 후 동결융해	A형 타일	0.69 이상	1.20 이상
		C형 타일	0.69 이상	0.69 이상
길이 변화율(%)			0.2 이하	0.1 이하
보수율(%)			80∼95	80 이상

※ 양생조건 및 타일종류에 따른 전단접착강도 기준 다름

KS L 1593

항목		판정기준
접착 강도 (MPa)	표준	0.588 이상
	온수	0.294 이상
	건조 · 수중	0.294 이상
	건조 · 습윤	0.294 이상
	열노화	0.294 이상
	저온경화	0.294 이상
	알칼리 수중	0.294 이상
내열성		60℃, 24시간 4.5kg
미끄럼 저항성		어긋남이 생기지 않을 것

※ 가혹양생 조건의 접착강도 기준을 표준 양생조건의 50%로 규정

표 3.10 ISO 13007의 타일 접착재 성능 규정

ISO 13007			
시험 항목		일반형(C1)	개량형(C2)
인장 접착 강도	28일 표준양생	0.5N/mm^2 ↑	1.0N/mm^2 ↑
	7일 표준+21일 침수양생	0.5N/mm^2 ↑	1.0N/mm^2 ↑
	14일 표준+14일 고온(70℃)+1일 표준양생	0.5N/mm^2 ↑	1.0N/mm^2 ↑
	7일 표준+21일 침수+온랭 반복 25cycle (−15℃ 2시간, 35℃ 2시간)	0.5N/mm^2 ↑	1.0N/mm^2 ↑
개방시간 접착강도		0.5N/mm^2 ↑ (20분 후)	0.5N/mm^2 ↑ (30분 후)
미끄럼 저항성 (타일무게 20kg/m^2)		≤0.5mm	≤0.5mm

※ 가혹 양생조건에 따른 인장접착강도 기준이 표준양생과 동일

3.4 바닥바름재

3.4.1 개요

건축물 중에서도 바닥은 중량차량의 주행, 다양한 작업, 소독제 등 각종 약품의 접촉, 온수의 접촉 등 사용목적에 따라 여러 부하가 걸린다. 바닥바름재는 이러한 엄격한 조건에 대응하는 마무리재로 그 요구성능을 확보해야 한다.

바닥바름재는 오로지 방진(防塵)을 목적으로 하여 적용되는 바름두께 0.2~0.3mm 정도인 액상 레진의 박막 시공, 폴리머 모르타르를 바름두께 1~3mm 코팅하는 시공, 바름두께 4mm 이상의 폴리머 모르타르 또는 폴리머 콘크리트 시공이 있는데, 경제성 면에서 폴리머 모르타르의 바름두께 1~3mm를 하는 시공이 주류를 이룬다. 액상 레진의 종류로는 에폭시수지, 폴리우레탄수지 및 불포화 폴리에스테르수지 등이며, 속경성을 특징으로 한 메타크릴수지와 내약품성이 뛰어난 비닐에스테르수지도 사용된다.

최근에는 악취 등을 싫어하는 경향이 늘고 식품공장에서는 열수나 증기를 이용하는 세정법이 보급됨으로 인해, 악취가 적고 열수에 강한 수계의 액상 폴리머 혼입 폴리머 시멘트 모르타르가 새로운 재료로 사용되기 시작하였다. 또한 내약품성이 양호하고 메타크릴수지와 동일한 정도의 속경성을 가지면서 악취가 적은 비스티렌형 비닐에스테르수지를 이용한 폴리머 모르타르도 성능 밸런스가 뛰어난 재료로 주목되고 있다.

또한 KS F 4041(시멘트계 자기 수평 모르타르)에서는 시멘트 및 무기질계 잔골재를 주원료로 하여 재유화형 분말수지 또는 액상수지를 사용하며, 주로 건축물의 바닥용 마감재에 사용하는 자기수평성을 갖는 모르타르를 규정한다. 표 3.11에 시멘트계 자기수평 모르타르의 품질기준을, 표 3.12에는 종류 및 용도를 나타냈다.

자기수평 모르타르는 단시간에 광대한 면적에 대하여 균일하게 편평한 면을 얻을 수 있도록 해주며, 또한 시공이 용이하여 손쉽게 작업할 수 있는 특성이 있어 유럽뿐만 아니라 한국에서도 많이 적용되고 있다.

표 3.11 **시멘트계 자기수평 모르타르의 품질기준**

<table>
<tr><th rowspan="2">항목</th><th rowspan="2">플로
(mm)</th><th colspan="2">응결시간</th><th rowspan="2">휨강도
(MPa)</th><th rowspan="2">압축강도
(MPa)</th><th rowspan="2">부착강도
(MPa)</th><th rowspan="2">내충격성
(MPa)</th><th rowspan="2">길이
변화율
(%)</th><th rowspan="2">내마모성
(mg/mm^2)</th></tr>
<tr><th>초결</th><th>종결</th></tr>
<tr><td>일반용</td><td>180 이상</td><td rowspan="2">1시간
이상</td><td rowspan="2">15시간
이상</td><td>–</td><td>20 이상</td><td>0.8 이상</td><td rowspan="2">갈라짐 및
벗겨짐이
없을 것</td><td rowspan="2">±0.05</td><td>–</td></tr>
<tr><td>산업용</td><td>190 이상</td><td>6.0 이상</td><td>28 이상</td><td>1.2 이상</td><td>0.1 이하</td></tr>
</table>

표 3.12 **시멘트계 자기수평 모르타르의 종류 및 용도**

종류	용도
일반용	오피스 빌딩, 백화점, 전시장, 컴퓨터실, 아파트 등 일반건물의 복도, 바닥마감과 아파트, 일반주택 온돌용 바닥마감재 등 주거용 바닥마감층 수평 조절에 시공되는 부분에 사용되는 것.
산업용	공장, 지하주차장, 물류창고 등 고내구성과 평활성이 요구되는 산업용 건물 바닥의 마감재에 주로 사용되는 것.

3.4.2 적용 사례

1) 바닥바름재용 폴리머 시멘트 모르타르

보통의 폴리머 디스퍼전 또는 재유화형 분말수지를 사용한 폴리머 시멘트 모르타르는 폴리머 성분이 화학반응을 일으키지 않고 시멘트의 수화반응으로 경화되는 것이 많다. 이에 반해 바닥바름재용 폴리머 시멘트 모르타르는 시멘트의 수화반응과 폴리머의 경화반응이 동시에 진행해 경화체를 형성하는 타입이 주류이고, 폴리머-시멘트비 30~60%라는 다량의 폴리머를 포함하기 때문에[24] 폴리머의 특성이 현저하게 나타난다. 즉, 내약품성이 양호하고 유연성을 가지며 콘크리트 바탕과 접착성이 지극히 양호한 특징을 갖는다. 한편 시멘트 경화체의 특성도 가지기 때문에 고온에서 물성 저하가 작다. 이로 인해 이러한 특성이 특히 요구되는 식품공장의 바닥으로 적합하다는 점이 최근 주목을 받고 있다. 그림 3.34는 바닥바름재용 에폭시수지계 및 메타크릴수지계 폴리머 시멘트 모르타르(폴리머-시멘트비 35%)에 대한 압축강도의 온도 의존성 비교를 나타낸다.

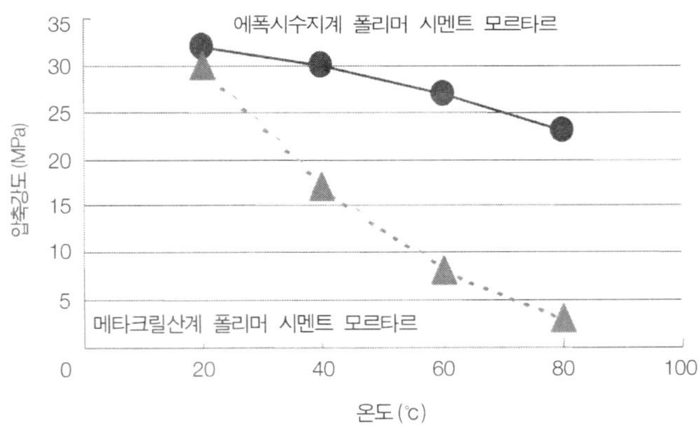

그림 3.34 **바닥바름재용 에폭시수지계 및 메타크릴수지계 폴리머 시멘트 모르타르의 압축강도의 온도 의존성**

바닥바름재를 최초로 실용화한 것은 ICI사이고, 바닥바름재용 폴리머 시멘트 모르타르에 사용되는 액상 레진은 폴리우레탄수지가 가장 많다.

바닥바름재용 폴리머 시멘트 모르타르는 보통 3성분으로 구성되어 있다. 제1성분은 액상 레진으로 폴리우레탄수지계에서는 폴리올 성분, 에폭시수지계에서는 에폭시 성분을 물에 분산한 에멀션이다. 제2성분은 경화제로 폴리우레탄수지계에서는 이소시아네이트 화합물, 에폭시수지계에서는 아민 화합물이다. 나머지 제3성분은 시멘트, 골재 등을 포함한 분체성분이다. 분체성분은 액상 레진의 경화 속도와의 밸런스를 생각해 시멘트 성분이 조정되어 있어 지정된 재료 이외의 사용은 어렵다. 이상의 3성분을 현장에서 비빔하여 즉시 시공한다.

이때 프라이머는 필요로 하지 않거나 제품에 따라 전용 프라이머를 사용한다. 통상의 바탕인 콘크리트와 접착은 일반적으로 매우 양호하지만, 경화수축에 의한 바닥바름재용 폴리머 시멘트 모르타르의 뒤틀림을 억제하기 위해 바탕에 많은 줄눈을 넣는 것이 필요한 제품도 있다.

경화시간은 일반적으로 6~10시간이고 사용이 가능하게 되기까지 24~36시간을 필요로 한다. 경화는 저온 조건에서는 늦어지며 고온 조건에서는 빨라진다.

마무리는 평활 사양 외에 미끄럼 방지성을 중시해 표면에 골재의 요철을 남기는 시공법이 있다. 일반적으로 4~9mm 두께로 시공되는데, 표면의 마무리를 양호하게 하기 위해서 시공 후에 롤러 등을 이용한 가벼운 표면 마무리가 잘 행해진다. 오버코트는 사용하지 않는 경우가 많다.

바닥바름재용 폴리머 시멘트 모르타르는 식품 관련 바닥에 사용되는데, 특히 열수를 다량 사용하고 기계적 부하도 걸리는 회전솥 주변부에 적용하고 있다. 이 용도에서는 수밀성, 내산성이 없는 무기계 라이닝재는 바람직하지 않으며, 종래의 에폭시수지계, 메타크릴수지계 등의 유기계 폴리머 모르타르에서는 내열수성의 부족 때문에 그림 3.35와 같이 벗겨져 들뜸 등의 하자가 자주 발생한다. 그림 3.36은 바닥바름재용 에폭시수지계 폴리머 시멘트 모르타르의 솥 하부의 시공 예다. 이 공사는 프라이머를 사용하지 않고 폴리머 시멘트 모르타르만의 1회 바름으로 마무리한 것이다.

그림 3.35 **회전솥 하부 바닥바름재의 벗겨짐**

그림 3.36 **바닥바름재용 에폭시계 폴리머 시멘트 모르타르의 시공사례**

2) 바닥바름재용 비스티렌형 비닐에스테르수지계 폴리머 모르타르

비닐에스테르수지는 내약품성이나 내열수성이 뛰어나기 때문에, 이것을 사용한 콘크리트 보호재는 방식재료로 많은 실적을 가지고 있다. 이 수지는 지금까지 FRP 공법으로 시공되어 왔지만, 최근 골재를 혼합해 폴리머 모르타르로 한 바닥바름재도 제품화되어 있다.

비닐에스테르수지는 가교제로 스티렌을 사용하기 때문에 액상 레진 중에는 상당량의 스티렌을 포함하며 작업할 때의 악취가 큰 문제이다. 특히 개수공사의 경우는 조업하면서 일부만을 개수하는 경우도 드물지 않고 작업자뿐만 아니라 주변의 노동자에게도 영향을 주며 식품이나 포장용 상자에 악취가 남는 등의 문제가 있다. 이 때문에 스티렌 대신 악취가 적은 가교제를 이용한 비스티렌형 비닐에스테르수지를 사용한 폴리머 모르타르 바닥바름재가 최근 시판되기 시작하였다. 저취성 가교제로는 증기압이 작고 그 악취에 혐오감이 없으며 반응성과 물성 면에서 스티렌을 대신하는 비닐화합물이 사용된다. 가장 많이 사용되는 것은 디시클로펜타디엔 골격을 갖는 메타크릴산에스테르[25),26)]이며, 그 이외에 메타크릴산 에스테르의 사용도 제안되어 있다. 증기압이 작은 저취성 가교제를 이용한 효과는, 예를 들어 시공 시 바닥바름재의 질량 변화를 조사하는 것으로 분명해진다.

그림 3.37은 플렉시블판(슬레이트 보드) 상에 도포한 바닥바름재용 비스티렌형 비닐에스테르수지계 폴리머 모르타르(3mm 두께)의 질량 변화를 바닥바름재용 메타크릴수지계 폴리머 모르타르와 비교한 것이다. 바닥바름재용 메타크릴수지계 폴리머 모르타

르에서는 경화반응에 수반하여 휘발성분이 발산해 상당한 질량감소가 일어나는 데 반해, 바닥바름재용 비스티렌형 비닐에스테르수지계 폴리머 모르타르에서는 질량감소가 거의 일어나지 않는다.

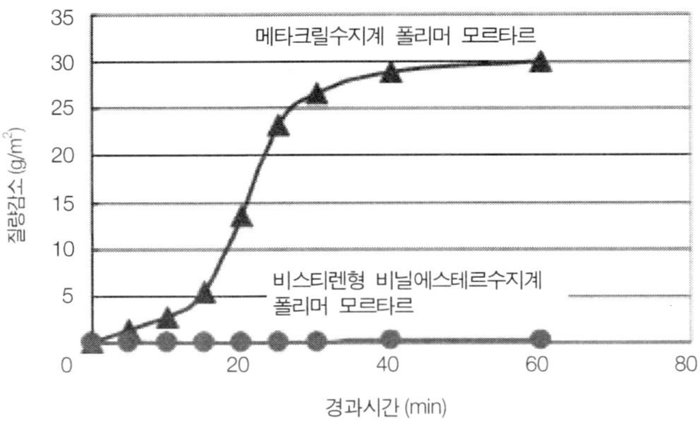

그림 3.37 **도포 후의 바닥바름재용 폴리머 모르타르 질량의 경시 변화**

바닥바름재용 비스티렌형 비닐에스테르수지계 폴리머 모르타르는 냄새가 적게 나는 장점을 살려 개수 공사, 특히 식품 관련 시설의 개수공사에 적용하고 있다. 이 경우 냄새가 적게 나면서 속경성이 요구되는 경우가 많다는 점으로 인해 30분 정도로 경화하는 바닥바름재용 메타크릴수지계 폴리머 모르타르가 가장 적합하다고 여겨져 왔다. 바닥바름재용 비스티렌형 비닐에스테르수지계 폴리머 모르타르는 경화에 여러 시간을 필요로 하는 것이 일반적이어서 사용이 한정되어 있었지만 최근에는 메타크릴수지계와 거의 다름이 없는 속경성을 가진 제품도 개발되어 있다.

바닥바름재용 비스티렌형 비닐에스테르수지계 폴리머 모르타르는 내열수성이 뛰어나다는 점에서 식품공장의 회전솥 주변에도 시공되는 경우가 있다. 단, 열수를 사용하면서 동시에 차량통행 등의 하중이 걸리는 작업을 수반하는 곳에서는 앞서 언급한 폴리머-시멘트비를 높인 폴리머 시멘트 모르타르의 편이 적합하다고 생각된다.

3) 시멘트계 자기수평 모르타르

시멘트계 자기수평 모르타르는 결합재, 골재, 특수 첨가제 등이 혼합, 포장되어 있는 바닥용 미장재로써 결합재로는 일반 · 조강 시멘트를 사용하며, 분말수지, 셀룰로오스 에테르[27], 유동화제 등을 사용하는 대표적인 폴리머 시멘트 모르타르 중 하나이다. 물과 혼합할 때 유동성을 발휘함은 물론 재료분리 방지, 레벨링성이 형성되어 평활하게 면이 만들어진다.

기존 미장 공법이 시공 능률의 저하, 평활도 확보 곤란, 숙련공 기능에 의존하는 반면에 자기수평 모르타르는 용이하게 시공이 가능하고, 박막시공이 가능하여 구조하중 및 공간 활용도가 증가할 수 있다. 최근에는 균열 및 박리가 없고 장기적으로 우수한 내구성을 갖는 제품들이 개발되어 대형화되고 고급화된 건축물에 널리 적용되고 있다. 그림 3.38에서 시공과정을 보여준다[28].

(a) 자기수평 모르타르의 혼합작업

(b) 자기수평 모르타르의 타설작업

(c) 자기수평 모르타르의 롤러작업

(d) 자기수평 모르타르의 양생 후 모습

그림 3.38 **자기수평 모르타르의 시공과정**

3.5 폴리머 시멘트계 도막 방수재

3.5.1 개요

방수공법으로는 현재도 아스팔트 방수가 주류를 차지하고 있지만 환경 유해성, 내구성, 경관성, 작업성 등의 요구에 부응하여 열공법에 의한 아스팔트 방수 이외에 시트 방수, 도막 방수, 복합 방수 등 많은 방수공법이 보급되어 왔다. 이러한 것들 중에서 도막 방수에 이용하는 폴리머 시멘트계 도막 방수재는 수성 폴리머 디스퍼전계로서 최근의 요구에 맞는 안전성이 높은 환경 배려형 재료이다. 또 건조와 수화응고 기구에 의한 비교적 빠른 경화성을 가지고 습윤 기초에 대해서 시공이 가능하며, 도막의 신장능력이 커서 바탕 균열이나 변위에 대한 저항성 등이 뛰어난 성능을 가지기 때문에 최근 그 용도가 확대되고 있는 방수재이다.

보통의 폴리머 시멘트 모르타르는 시멘트 모르타르의 인장강도, 접착성, 방수성 등의 개질을 목적으로 한 취성재료인데 반해, 이 재료는 방수성과 기초의 움직임에 대한 추종성을 개선한 연성 재료이다. 이것은 폴리머 함유량이 많기 때문에 폴리머를 시멘트의 수화응고에 의해 개질한 것이라고도 할 수 있어 보통의 폴리머 시멘트 모르타르와는 상당히 다른 재료이다.

이 재료에 대한 최근 동향을 살펴보면, 포름알데히드 대책에 의해 환경을 보다 배려한 재료 및 재유화형 분말수지를 첨가한 단일 혼합형의 제품이 개발되어 있다. 최근 외국의 연구로는 일본건축학회의 폴리머시멘트계 도막방수소위원회의 조사보고로 '폴리머 시멘트계 도막 방수의 시공수량과 적용 부위별 사용실태 조사', '폴리머 시멘트계 재료의 물성 조사', '폴리머 시멘트계 도막 방수재의 내피로성에 미치는 각종 열화의 영향', '폴리머 시멘트계 도막 방수재의 경화과정과 구조' 및 '폴리머 시멘트계 도막 방수재의 피로 특성에 대해서'가 있어 재료 특성 등이 규명됨과 동시에 사회적 인지도가 높아지고 있다. 또 이 재료에 관한 유럽의 동향을 보면, 유럽 표준화위원회 CEN(Comite Europene de Normalisation)에 의한 '콘크리트 구조물 부위의 보호와 보수 규격'의 표준화 등이 있다.

3.5.2 적용 사례

폴리머 시멘트계 도막 방수재는 수성 디스퍼전계이기 때문에 화기나 용제를 사용하지 않아 안전하고 환경친화적인 것이다. 그 외의 특징으로는

(1) 폴리머-시멘트비가 크고 경화 모르타르의 신장력이 크기 때문에 바탕의 균열에 대한 추종성이 좋다.
(2) 시멘트계 재료이기 때문에 내수성 및 내알칼리성이 좋고 바탕이 어느 정도 습한 상태에서도 시공할 수 있다. 또 콘크리트계 바탕과 접착이 좋다.
(3) 흙손바름 이외에도 뿜칠이나 롤러에 의한 시공도 가능하며 복잡한 형상의 바탕에도 간단하게 시공할 수 있다.

보통의 폴리머 시멘트계 도막 방수재는 포틀랜드 시멘트나 알루미나 시멘트와 같은 수경성 재료에 규사, 중질탄산칼슘(석분), 점토, 섬유 등을 배합한 분체 재료와 폴리머 디스퍼전을 잘 비빔하여 도포해 사용한 것이다. 폴리머 디스퍼전으로는 폴리아크릴산 에스테르 에멀션, 스티렌아크릴산 에스테르 에멀션, 에틸렌 초산비닐 에멀션, 스티렌 부타디엔 고무 라텍스 등이 이용되고 있다.

배합상의 특징은 보통의 폴리머 시멘트 모르타르와 비교해 폴리머-시멘트비가 매우 크다는 것으로, 폴리머-시멘트비가 100% 이상의 것이 많으며 도막은 신장능력이 있어 바탕 균열이나 신축팽창에 견딜 수 있는 특성을 가진다. 폴리머-시멘트비가 크다는 것 외에도 도막의 신장능력은 상온에 있어서 폴리머 경도의 지표라 할 수 있는 유리전이온도(Tg)의 영향을 크게 받는다. 폴리머 필름의 신장능력 및 인장강도는 폴리아크릴산 에스테르 에멀션의 경우에는 경질의 폴리머를 만드는 메타크릴산메틸(호모폴리머의 Tg, +105℃)과 연질의 폴리머를 만드는 아크릴산 부틸(호모폴리머의 Tg, −8℃)이나 아크릴산−2−에틸 헥실(호모폴리머의 Tg, −70℃)의 모노머 조성, 에틸렌 초산비닐 에멀션은 초산비닐(호모폴리머의 Tg, +29℃)과 에틸렌(호모폴리머의 Tg, −120℃)의 모노머 조성, 스티렌부타디엔 고무 라텍스의 경우는 스티렌(호모폴리머의 Tg, +105℃)과 부타디엔(호모폴리머의 Tg, −85℃)의 모노머 조성, 분자량 또는 관능기의 도입 등에 의해서도 바뀐다.

일반적으로 옥상 등 변위가 큰 부위에는 큰 신장능력을 가지는 재료가, 또 지하수조 등 내수성과 도막의 강도가 요구되는 곳에는 신장능력보다 인장강도를 중시한 재료가 요구된다. 이렇듯 요구조건에 따라 폴리머의 종류나 폴리머-시멘트비가 정해지게 된다.

그림 3.39[29]는 폴리머 시멘트계 도막 방수공법의 일반적인 공정을, 그림 3.40[30)~37]은 폴리머 시멘트계 도막 방수공법의 적용 사례를 나타낸 것이다.

바탕청소 · 처리	청소 후 균열, 들뜸, 결손부 취약부를 폴리머 모르타르로 처리한다.
↓ 프라이머 도포	롤러, 솔 등으로 균일하게 도포한다.
↓ 재료 비빔	분체재료와 폴리머 디스퍼전을 교반기로 균일하게 비빔한다.
↓ 보강처리	드레인 주위, 우각부, 이음부 및 변위가 큰 부위에 보강포를 방수재로 붙인다.
↓ 방수재 1차 시공	흙손 또는 롤러로 주입바름을 한다.
↓ 방수재 2차 시공	1층 째의 방수재가 건조 후, 2층 째에 소정의 막두께가 되도록 도포한다.
↓ 보호 · 마무리 도포	소정의 양생 후, 오버코트 또는 보호 모르타르를 롤러, 흙손 등으로 시공한다.
↓ 공사검사	성능 및 기능 유지의 검사를 한다.

그림 3.39 **폴리머 시멘트계 도막 방수공법의 공정**

(a) 복도의 시공

(b) 화장실의 시공

(c) 창호 주변의 시공

(d) 회전계단의 시공

(e) 지붕의 시공

(f) 학교 옥상 보수의 시공

그림 3.40 **폴리머 시멘트계 도막 방수공법의 적용 사례(계속)**

(g) 지하저수조의 시공

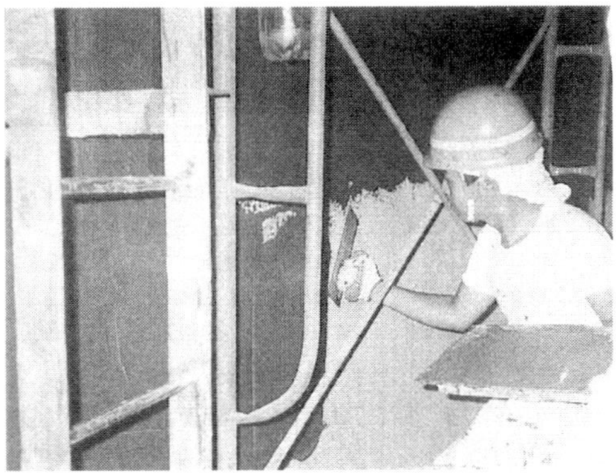

(h) 수조 내부의 시공

(i) 지하외벽의 시공

(j) 지하 외벽 뿜칠시공

(k) 정수처리장 시설의 시공

(l) 고속도로 난간 보수의 시공

그림 3.40 **폴리머 시멘트계 도막 방수공법의 적용 사례**

3.6 외단열 시스템

3.6.1 개요

1997년에 교토에서 열린 제3차 당사국 총회에서는 기후 변화에 관한 UN 규약의 교토의정서를 채택하고, 2008~2012년 사이에 선진국의 전체 온실가스 배출량을 1990년 대비 최소한 5.2% 감축할 것을 목표로 하였고, 한국의 경우도 2002년에 조약을 비준하여 온실가스 배출량의 감축의무를 지게 되었으며, 2009년 12월 국토해양부와 지식경제부 공동으로 건축물 에너지효율 등급 개정안을 발표하였다. 외단열 관련 정부 시책의 주요 법제 내용 및 추친 목표를 요약하면 표 3.13과 같다.

표 3.13 **외단열 관련 정부 시책의 주요 법제 내용 및 추진 목표**

	주요 내용
2009년	대통령 직속 녹색성장위원회 보고(국토해양부)
2010년	에너지 총량제 도입
2012년	주택 에너지 30% 절감(냉 · 난방에너지 50%) 비거주 건축물 에너지 15% 절감 창호 · 단열 수준 2배 강화, 건축물 매매 · 임대의 경우 에너지증명서 발급
2017년	주택 에너지 60% 절감, 비건축 에너지 30% 절감
2018년	기존 주택 100만 가구 그린홈 변경
2020년	비주거 건축물 에너지 60% 절감
2025년	제로에너지 건축물 의무화

국내의 경우 전체 에너지 소비량 중 건축물이 차지하는 비중이 약 24%에 불과하지만, 물류 및 공장에서 사용하는 에너지 사용을 줄이는 것에 한계가 있고 건축물의 에너지 소비량 중 50%가 주택에서 소비되며 주택의 에너지 소비량 중 약 65% 이상이 난방 에너지에 사용되고 있어 우선적으로 건축물 단열을 통한 에너지 절약이 부각되고 있는 실정이다. 물론, 태양광 등 신재생에너지를 사용하여 에너지 절약이 가능하지만, 이는 전체 주택 에너지 사용량의 15%를 넘지 못할 것으로 예상되어 단열을

통한 에너지 절약이 주된 방법으로 인식되고 있는 점과 정부 시책이 맞물려 단열을 통한 에너지 절약 요구는 향후 더욱 가속화될 가능성이 크다. 건물의 단열 공법은 크게 내단열과 외단열 공법으로 나누고 있으나, 표 3.14에서 보듯이 내단열 공법은 열교현상으로 인한 결로 발생 등의 문제점을 안고 있어 향후 건축물의 단열이 강조될수록 외단열 공법이 부각될 것으로 판단된다.

외단열 공법은 ETICS(Exterior Thermal Insulation Composite System) 또는 EIFS (Exterior Insulation Finishing System)라 칭하고 있다. 외단열 시스템의 대표적인 단열재는 EPS(expanded polystyrene)이며, 보드 두께 100mm를 적용할 경우 열전도계수(U-값)가 급격히 감소한다. 표 3.15에 제시된 제원과 그림 3.42에 소개된 열전도 계수를 활용하여 기존 시스템의 U-값을 1.844, ETICS의 경우를 0.33으로 단순히 계산하여도 벽돌만으로 시공한 건물 대비 80%의 에너지 절감이 가능하다. EPS의 두께가 증가하면 에너지 절감 효과가 더 커지는 그래프를 그림 3.43에서 볼 수 있다.

그림 3.44는 열 추적 카메라를 이용해 ETICS를 시공한 건물의 열 손실 정도를 기존 주택과 비교한 사진으로 기존 주택 대비 확연한 단열효과를 보여준다[38].

표 3.14 **내단열 공법과 외단열 공법 비교**

구분	내단열	외단열
방식	- 건물 벽 안쪽에 단열재 사용 - 대부분 건축물에 사용되고 있음.	- 건물 외벽 밖에 단열재 사용
장점	- 공사가 쉬움.	- 온도 불균일 없음.
단점	- 온도 불균일이 발생하여 단열 취약 부분(모서리 등) 결로 발생 - 단열규제 강화하면 문제	- 공사가 어려움. (특히 고층건물의 경우)

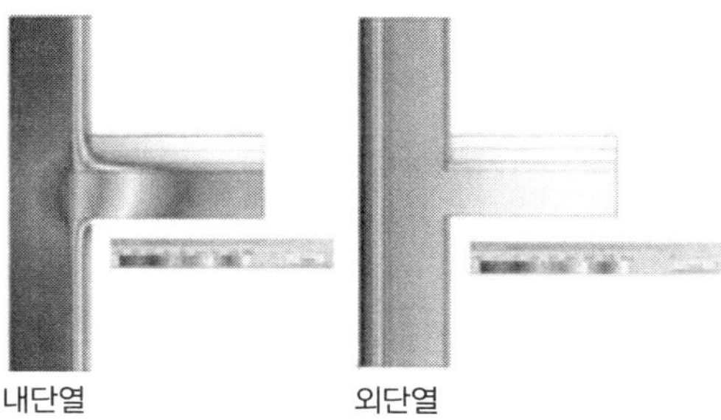

그림 3.41 **내단열과 외단열 공법의 열교 시뮬레이션 결과**

표 3.15 **기존 시스템과 ETICS 비교**

	재료	두께(m)	열전도율[W/(mK)]
기존 시스템	시멘트 내장마감	0.01	0.7
	벽돌	0.24	0.7
	시멘트 외장마감 1	0.01	1
	시멘트 외장마감 2	0.005	1
ETICS	시멘트 내장마감	0.01	0.7
	벽돌	0.24	0.7
	유무기 접착재	0.01	1
	EPS	0.1	0.04
	시멘트 외장마감 1	0.01	1
	시멘트 외장마감 2	0.005	1

$$Q = U \times (T_i - T_o) \times A$$

$$U = 1/(R_0 + d_1/\lambda_1 + d_2/\lambda_2 + \ldots + R_i)$$

U : U-value, 열전도 계수[W/(m^2 · K)]

R_0 : 외벽 열 보호력

R_i : 내벽 열 보호력

d : 재료의 시공 두께

λ : 열전도율[W/(mK)]

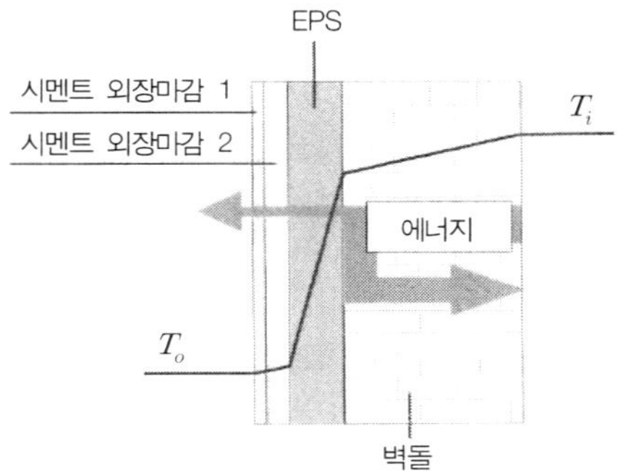

그림 3.42 **열전도 계수 및 단열성 모식도**

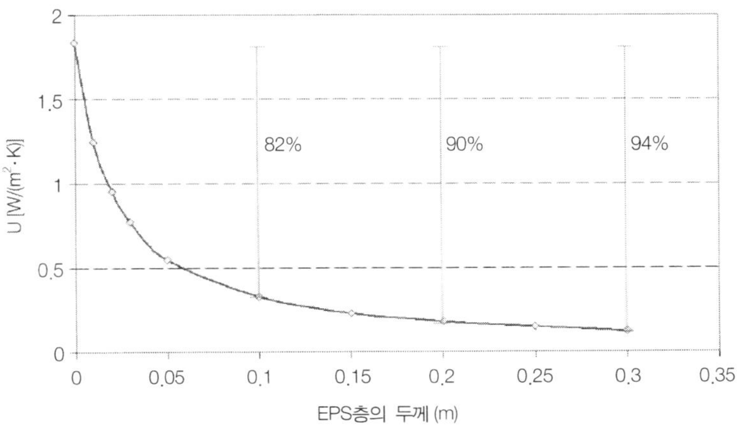

그림 3.43 **열전도 계수 및 단열성 모식**

(a) 외관 사진　　　　(b) 열화상 촬영 사진

그림 3.44 **ETICS 시공 유무에 따른 표면 열손실 비교**

3.6.2 적용 사례

독일에서 처음 개발된 ETICS 공법은 접착 모르타르, 단열재, 외부마감을 통한 외단열 공법으로, 건물 에너지 소비 비율이 전체 에너지 소비량의 약 50% 정도(국내 약 24%)로 높은 선진국에서는 ETICS 공법이 널리 사용되고 있으며, 이에 ETAG 등 시공에 필요한 기준 및 품질평가를 위한 세부적인 실험 방법을 명시하고 있다. 표 3.16은 유럽 EOTA(European Organisation for Technical Approvals)에서 발행된 ETICS 시스템 소개 및 각 구성요소에 대한 품질평가 항목에 대해 상세히 소개하였다[39)~42)].

그림 3.45에는 일반적인 ETICS 시스템의 구성을 나타낸다. 콘크리트 또는 벽돌벽체와 단열재(EPS)와 접착을 위해 사용되는 접착 모르타르에는 충분한 접착력과 내구성을 발현하기 위해 폴리머 시멘트 모르타르가 일반적으로 채용되며, 유리섬유망의 고정 및 표면 강화 마감에 사용되는 미장 모르타르는 충분한 작업가능시간, 높은 강도 확보를 위한 충분한 보수성이 요구되어 셀룰로오스 에테르[43)] 및 재유화형 분말수지 사용이 필수적이다. 또한 벽체와 ETICS 시스템과의 접착을 보강하기 위해 특수 고정핀이 일반적으로 사용되고 있다. 그리고 그림 3.46은 ETICS의 일반적인 시공 방법을 나타낸 것이다[44)].

표 3.16 **ETICS 시스템 구성 및 시험 항목**

구성	시험 항목
접착 모르타르	- 밀도 - pH(페이스트만 취하여 측정) - 점도(페이스트) - 건조 시 중량손실 105℃ - 회분 450℃ - 입도 - 응결 및 건조시간 - 접착강도 테스트(접착재와 베이스 코트, 접착재와 단열재)
단열재료	- 치수, 두께 - 단위중량 - 인장강도 - 압축강도 - 치수 안정성(암면의 경우는 불필요) - 열적 성질 - 수증기 투과도
보강섬유망	- 단위면적당 중량 - 회분 - 초기 인장강도 - 알칼리 저항성(유리섬유) - 부식(강섬유)
마감 모르타르	- 밀도 - 건조 시 중량손실 105℃ - 회분 450℃ - pH(페이스트만 취하여 측정) - 입도
고정핀	- 플라스틱 앵커에 대한 가이드라인 "Attestation of conformity"에 준함

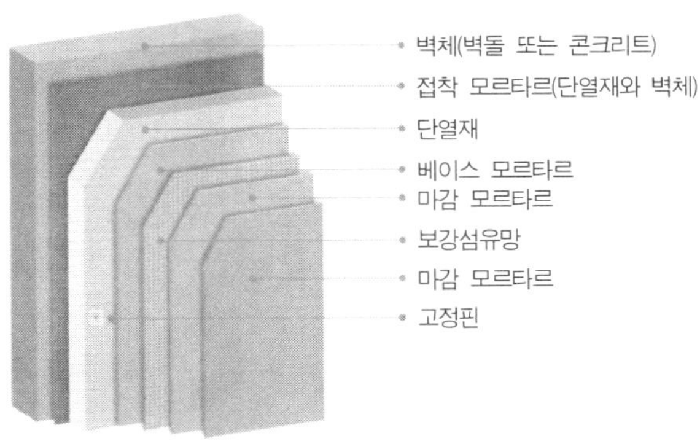

그림 3.45 **ETICS 시스템 개요**

(a) 접착 모르타르의 혼합

(b) 접착 모르타르 시공

(c) EPS 보드의 부착

(d) 고정핀 시공

(e) 코너비드 시공

(f) 베이스 모르타르 시공

(g) 보강섬유망 시공

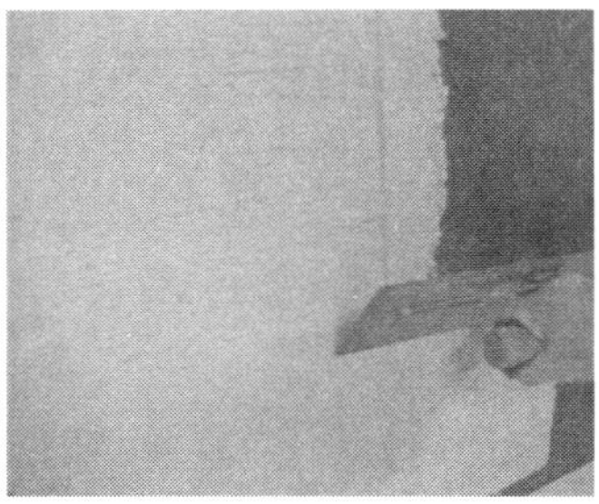

(h) 마감 모르타르 시공

(I) 시공 후 전경

그림 3.46 **ETICS 시공 방법**

그러나 국내의 경우 최근 ETICS 공법이 적용된 건축물의 증가에도 불구하고 검증된 자재의 미사용 및 부적절한 시공 방법으로 인해 단열 성능저하, 탈락, 변색 및 파손문제가 종종 발생되고 있다. 이는 국내에 ETICS 시공을 위한 재료 등에 대한 품질 및 시험 규격에 대한 명확한 규정이 도입되지 않았기 때문이며, 시공 안정성, 하자 발생 방지를 위한 신뢰성 및 효율성이 확보된 제품에 대한 요구가 높아지고 있으며, 관련된 기준 정립의 필요성이 제기되고 있다.

그림 3.47에는 부적절한 접착 모르타르 사용 및 시공 방법을 적용함에 따른 외벽과 EPS 보드 간 탈락에 의한 하자 사례를 나타낸다[43]. 접착 모르타르의 충분한 접착강도 및 내구성 향상을 위해 폴리머 라텍스, 셀룰로오스 에테르[43] 등을 도입한 폴리머 시멘트 모르타르의 사용이 이러한 하자 발생을 크게 줄여줄 것이라 판단된다.

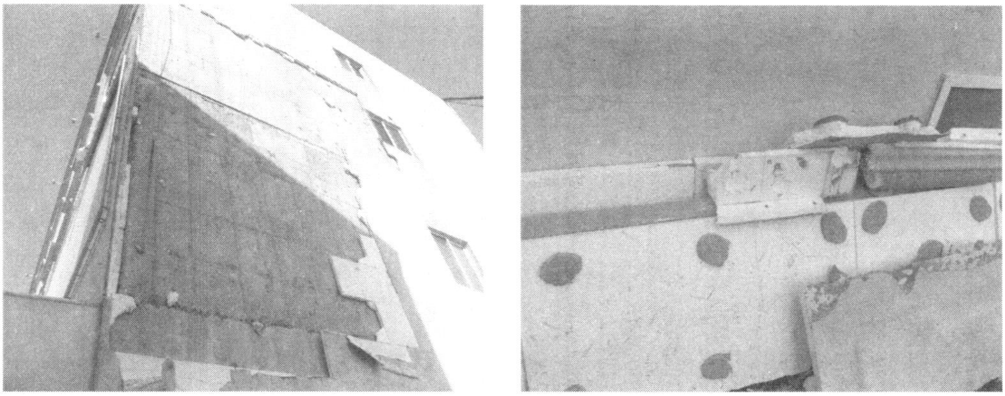

그림 3.47 **부적절한 접착 모르타르 사용 및 시공 방법에 의한 하자 예**

3.7 철근콘크리트용 방식재

3.7.1 개요

콘크리트는 보통의 환경 조건에서는 안정된 재료이며, 옥외에서 비바람에 노출된 환경에서도 장기에 걸쳐 침식 없이 사용된다. 그러나 콘크리트 구조물이 널리 보급되는 데 있어 산과 같은 특정 화학물질에 침식 당하기 쉬운 약점이 일부 용도에서 표면화되어 그 대책을 강구하게 되었다.

특히 큰 문제가 된 것은 맨홀, 관로시설, 처리장 등의 폐수처리시설이다. 이러한 시설에서는 염소에 의한 부식, 열 부식 등도 문제가 되지만 가장 큰 문제가 되는 것은 폐수가 접촉하는 구조물 전반에 나타나는 황화수소에 의한 부식이다. 황화수소에 의한 부식은 황산염 환원균에 의해 황산염으로부터 생성한 황화수소가 유황 산화균에 의해 황산으로 변화하여 콘크리트를 부식시키는 경로를 갖는다. 건축물 중에서도 상업빌딩, 병원, 호텔 등의 폭기조, 처리조 등에서 콘크리트의 조기 성능저하를 쉽게 볼 수 있다. 그림 3.48은 오수처리조의 성능저하 상황을 나타낸다.

콘크리트를 화학적 침식에 대하여 보호하기 위해 일반적으로 행해지는 방법은 내산성 재료에 의한 표면피복이다. 일본 하수도사업단에서는 1987년에 『콘크리트 방식 도장지침(안)』을 작성해 하수처리장의 밀폐된 콘크리트 구조물 내부에는 타르 에폭시수지를 도장하도록 하였다. 이 지침에는 그 후 신재료 개발의 진행 배경도 담고 있어, 내구성 등 품질의 향상을 목표로 한 시공법의 확충이 진행되어 왔다. 1997년의 『콘크리트 방식 지침(안)』[45]에는 박막의 도장뿐만 아니라 보강재 적층법이나 충전재를 혼합한 폴리머 페이스트로 불러야 할 재료를 이용해 수mm 이상의 피복층을 만드는 방법인 '라이닝 공법'이라고 하는 개념이 나타났다. 또한 이 지침에는 미리 성형된 시트상 재료를 콘크리트 표면에 붙이는 '시트 라이닝 공법'이 지정되어 있으며, 이 안에는 폴리머 콘크리트 시트도 포함되어 있다. 또 2002년의 '하수도 콘크리트 구조물의 부식 억제기술 및 방식기술 지침 · 동 매뉴얼'[46]에는 라이닝 공법의 피복재료가 10종류로 분류되어 있다.

반응성 액상 레진을 현장에서 경화시켜 보호도막을 형성시키는 라이닝 공법 중 부식환경이 비교적 완만한 경우에는 에폭시수지 또는 타르 에폭시수지를 몇 차례 도장하는 공법을 적용할 수 있지만, 부식환경이 심각한 경우에는 유리 매트 및 유리 크로

(a) 오수처리조의 성능저하 상황 (b) 오수처리조의 성능저하 상황(확대)

그림 3.48 **오수처리조의 성능저하 상황**

스를 이용한 적층 공법과 세라믹 분말이나 휘스커(whisker)를 혼합한 폴리머 페이스트를 사용해 도장 두께를 0.3mm에서 수mm로 한 공법이 이용된다.

폴리머 페이스트에 사용되는 충전재로는 세라믹 분말, 휘스커, 유리조각, 체질 안료로써의 산화 티탄 등이 이용된다.

또한 라이닝 공법에서는 보호도막을 균일하고 결함 없이 도장하기 위해 미리 구체 콘크리트의 결함부 복구, 부속물 주변의 처리, 표면처리 및 표면을 평활하게 조정하는 바탕조정 공정이 필요한데, 단면복구재로는 각종 폴리머 시멘트 모르타르, 에폭시수지, 불포화 폴리에스테르수지, 비닐에스테르수지 등의 폴리머 모르타르, 무기계의 무수축 모르타르 등이 사용된다. 바탕조정재로는 에폭시수지계 에멀션계 및 라텍스계의 폴리머 시멘트 모르타르, 에폭시수지, 불포화 폴리에스테르수지, 비닐에스테르수지, 폴리우레탄수지 등 퍼티상의 폴리머 모르타르 또는 폴리머 페이스트가 사용된다.

성형재료를 현장에서 구체에 붙이는 시트 라이닝 공법에서는 내산성이 뛰어난 액상 레진이라면 비닐에스테르수지 이외의 불포화 폴리에스테르수지, 메타크릴수지 등의 액상 레진도 폴리머 콘크리트용 결합재로써 동일하게 사용할 수 있는 가능성이 있다.

라이닝 공법은 현장의 구체형상에 맞춘 공사가 용이하기 때문에 복잡한 형상의 구체나 협소한 곳에서의 시공이 비교적 용이하다. 기본적으로 연속적이기 때문에 줄눈부에서 품질 성능저하가 없으며 보수가 용이하고 보수공사나 개수공사에 적합하다는 등의 특징을 갖는다.

그림 3.49 **비닐에스테르수지의 롤러에 의한 도장**

그림 3.50 **폴리우레아수지의 뿜칠도장**

시트 라이닝 공법은 이음매 부위가 약점이므로 주의 깊게 처리할 필요가 있지만 균질하고 두께가 있는 보호층을 확실히 마련할 수가 있기 때문에 내구성이 뛰어난 공법이라고 할 수 있다. 적용할 수 있는 구체형상이 제한되는 등 난점은 있지만 현저한 부식이 예상되어 개수공사를 용이하게 할 수 없는 부위의 신설 공사 등에 사용된다.

어느 공법도 내산성 외에 구체 콘크리트에의 접착성, 내알칼리성, 방수성, 구체의 균열에 대한 추종성 등의 재료 특성이 요구된다.

3.7.2 적용 사례

폴리우레아수지는 일본에서 2002년의 '하수도 콘크리트 구조물의 부식 억제기술 및 방식기술 지침 · 동 매뉴얼'에 처음으로 피복재료로 거론되었는데, 이처럼 방식재료로는 비교적 새로운 재료이다.

폴리우레아수지의 뿜칠 시스템은 1980년대에 Texaco社에 의해 개발되어 1990년대에 미국에서 제품화되었다[47].

폴리우레아수지는 이소시아네이트 프리폴리머와 폴리아민의 2성분을 예비 가열해 스프레이건의 선단에서 충돌 혼합시켜 뿜칠된다. 경화가 매우 빠른 것이 최대의 장점이며, 수초 내에 경화하기 때문에 재료의 흘러내림이 거의 일어나지 않는다. 또한 이소시아네이트 프리폴리머와 폴리아민의 반응은 물과의 반응보다 빠르기 때문에 공기 중의 습도나 수분의 영향을 받지 않고 이산화탄소 발생에 의한 발포나 부풀어 오름이 일어나지 않는다. 저온에서도 시공할 수 있어 온도 0℃에서도 문제없이 즉시 경화한다.

뿜칠도장에는 전용장치가 필요한데, 그 시공능력은 대규모 공사의 경우도 고려되어 있어 $400m^2/d$의 능력으로 시공이 가능하다. 또한 분무기의 조작에 의해 한 번에 소정의 두께로 내뿜는 것이 가능한데 보통 2mm의 두께로 내뿜는다. 프라이머 및 바탕조정재와 배합해 2~3 공정으로 시공이 완료되므로 경화도 빠르고 단시간에 공사를 종료시킬 수가 있다.

그림 3.51은 폴리우레아수지가 각종 폐수관련 시설의 라이닝에 적용된 예로, 모두 사용 후 시설의 성능저하로 인해 개수공사를 행한 것이다. 이러한 개수공사 이외에 신설 설비에 대한 방식 공법으로도 적용되고 있다.

(a) 병원 지하정수조의 성능저하 상황

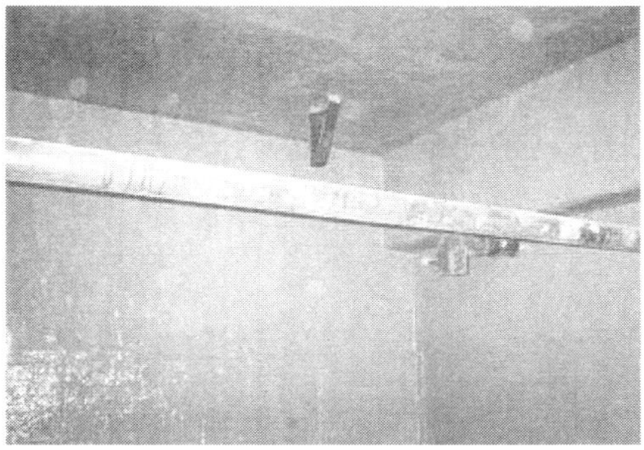

(b) 병원 지하정수조 방식공사 완료

(c) 공장 폭기조의 성능저하 상황

(d) 공장 폭기조의 방식공사 완료

(e) 식품공장 지하 폐액처리설비 성능저하 상황

(f) 성능저하한 폐액, 처리설비 방식피복재의 뿜칠

그림 3.51 **폴리우레아수지가 각종 폐수관련 시설의 라이닝에 적용된 예**

3.8 표면 개질용 폴리머 콘크리트 복합체

3.8.1 개요

콘크리트 표면의 개질재료는 콘크리트 표면에 도포하는 것으로 콘크리트 표층부에 새로운 기능을 부여하거나 콘크리트 표층부를 개질하는 재료이다. 대부분의 개질재료는 콘크리트 표면에 도포하는 것만으로 그 성능을 발휘하기 때문에 시공이 용이한 점이 그 특징으로 거론된다. 콘크리트 표면의 개질 재료에는 침투성 흡수방지재, 침투성 고화재, 폴리머 함침재, 규산질계 도포 방수재, 침투성 알칼리 부여재, 도포형 방청재, 도포형 수축저감재, 알칼리 골재반응 억제재 등이 있으며, 이러한 기술에 관한 상세한 것에 대해서는『도포 함침재에 관한 기술의 현상 및 시공 지침(안)』및『(주) 일본 공업기술진흥협회 Polymers-in-Concrete위원회 편』[48]이 참고가 된다. 이 절에서는 침투성 흡수방지재 및 침투성 고화재의 최근 적용 사례를 소개한다.

3.8.2 적용 사례

1) 침투성 흡수방지재

침투성 흡수방지재는 시공이 용이하고 기재의 외관을 변화시키는 일 없이 흡수나 투수를 억제하는 것으로, 외부에서 물의 침입이나 염화물이온(Cl^-)의 침투를 억제함으로써 콘크리트 구조물을 보호하는 목적으로 사용된다. 침투성 흡수방지재는 1965년경부터 사용되기 시작해 주로 건축물의 외벽 등에 사용되어 실적을 쌓아 왔으며 현재는 여러 회사에서 판매되고 있다[49]. 침투성 흡수방지재는 그림 3.52에 나타내듯이 실리콘계, 비실리콘계 및 이들의 혼합계로 대별된다.

실리콘계 침투성 흡수방지재는 실리콘의 소수기가 콘크리트 표면 및 세공 표면에 늘어섬으로써 발수성을 부여하는 것으로, 콘크리트 표층부의 세공을 충전하는 일 없이 콘크리트 표층부에 발수성을 부여하기 때문에 액체인 물은 투과하지 않지만 수증기나 그 외의 기체는 투과가 가능하다. 한편 비실리콘계 침투성 흡수방지재는 기공 충전 형태의 재료이고, 수분이나 기체의 불투과성 도막을 콘크리트 표층부에 형성하는 것으로써 그 성능을 발휘한다. 따라서 실리콘계와는 달리 콘크리트 내부의 수분이나 기체의 이동은 억제된다.

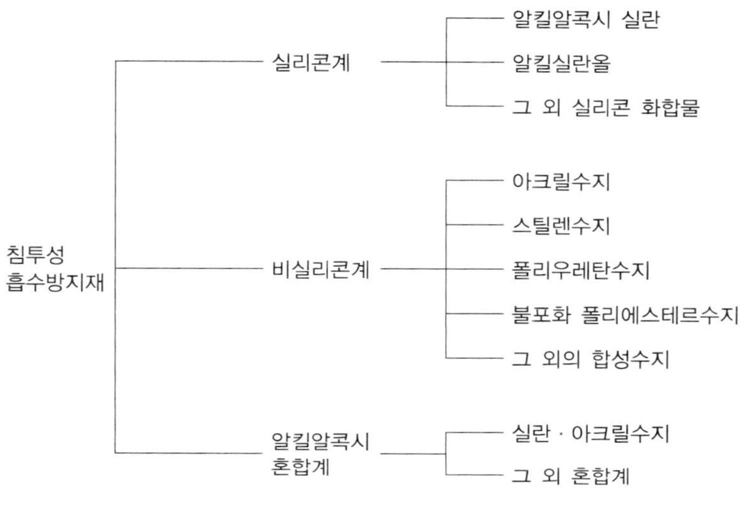

그림 3.52 **침투성 흡수방지재의 분류**

2) 노출 콘크리트에 적용

침투성 흡수방지재는 콘크리트의 소재감을 해치는 일 없이 성능저하 현상의 발생을 방지할 수 있기 때문에, 그림 3.53의 시공 예와 같이 노출 콘크리트 건물의 수명을 늘려 의장성을 유지하기 위한 보호재로 이용되어 왔다[50]. 또한 최근에는 환경문제 의식의 고조나 주변 지역에 대한 악취 등의 문제로 인해 수계 제품의 개발이 진행되어[51] 신축뿐만이 아닌 개수공사 대응에 있어서 재료의 선택폭이 넓어졌다. 노출 콘크리트 건물의 수명을 늘려 의장성을 유지하기 위해서는 침투성 흡수방지재를 5~7년 단위로 재시공하는 것이 바람직하다. 혹은 침투성 흡수방지재와 내후성 클리어 도장을 하는 복합공법을 이용함으로써 보다 내후성을 높여 재시공의 간격을 10~15년으로 하는 방법도 있다[52]. 표 3.17 및 그림 3.54는 각각 복합공법의 도장시공 예[53]와 적용 예[53]를 나타낸 것이다. 또한 이러한 복합공법에 있어서도 수계 제품의 배합이 개발되어 있다.

표 3.17 **침투성 흡수방지재와 불소수지 도료의 복합공법**

공정		상품명	색조	바름 횟수	도포량 및 도포 방법 (kg · ㎡ · 회)	희석제 희석률 (%)	도장간격 23℃ (h)
1	바탕 처리	(건조) 양생시간을 충분히 취하고 함수율 10%, pH 10 이하로 한다. (청소) 돌출부, 이물질, 레이턴스, 백화 등을 샌더, 와이어샌더, 와이어브러시로 제거하고 필요에 따라 물청소한다.					
2	하도*1	토우아핫스이 시라	투명	1	(0.15~0.20) 롤러, 에어리스 스프레이, 에어스프레이	무희석 (세정용) 페인트희석제	4 이상
3	중도*2	뉴가메트 #700가드	투명	1	(0.15~0.20) 에어리스 스프레이, 에어스프레이	뉴가메트 상도희석제 (30~50)	16~168
4	상도*2	뉴가메트 #700SF 상도클리어	투명 (반투명)	1	(0.15~0.16) 에어리스 스프레이, 에어스프레이	뉴가메트 상도희석제 (10~30)	2~8 또는 24 이상
5	상도*2	뉴가메트 DC#700 상도 윤제거 클리어	투명	1	(0.15~0.16) 에어리스 스프레이, 에어스프레이	뉴가메트 상도희석제 (10~30)	2~8 또는 24 이상

주) *1 : 침투성 흡수방지재, *2 : 불소수지 도료

그림 3.53 **노출 콘크리트에 대한 시공 예**

그림 3.54 **침투성 흡수방지재 복합공법의 시공 예**

최근에는 실리콘계 침투성 흡수방지재와 아크릴수지나 불소수지를 조합해 실리콘의 발수층에 의한 흡수 방지 효과와 수지에 의한 표면 보호 효과보다 내구성이 뛰어난

수성 일성분형의 보호재도 사용되기 시작하였다. 그 예로 그림 3.55는 실리콘·불소수지계 침투성 흡수방지재의 특징[50)]을, 그림 3.56[50)]은 그 시공 예를 나타낸다.

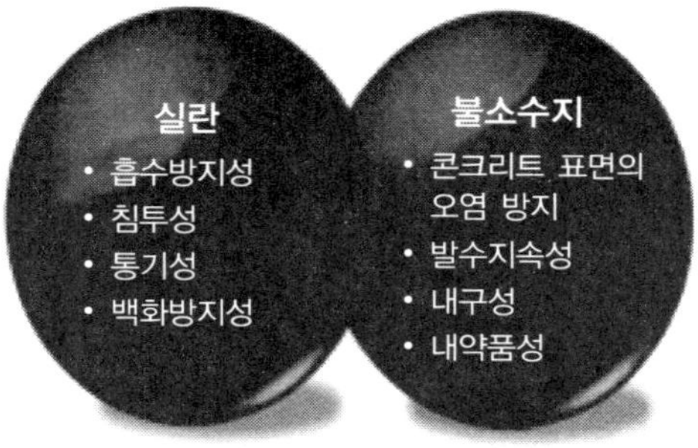

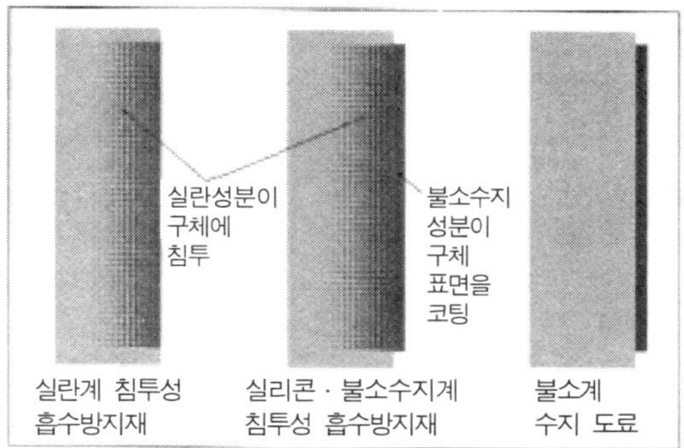

노출 콘크리트면의 표준 도장 시방

공정	사용재료	도포량(kg/m^2)	시공간격(20℃)	도포 방법
1	아쿠아탑 SF실란 · 불소 수성	0.08~0.10	추가 바름~1h 이내	솔, 롤러
2	아쿠아탑 SF실란 · 불소 수성	0.08~0.10	24h 이상	솔, 롤러

그림 3.55 **실리콘 · 불소수지계 침투성 흡수방지재의 특징**

그림 3.56 **실리콘 · 불소수지계 침투성 흡수방지재의 시공 예**

3) 그 외의 기재에의 적용

침투성 흡수방지재는 노출 콘크리트의 보호뿐만이 아니라 석재조 외벽이나 외벽 타일면의 보호에도 사용되며 전용 등급도 판매되고 있다[49),54)]. 그림 3.57은 타일 면의 개수, 주로 줄눈부의 흡수 방지를 위해 사용한 예[54)]를 나타낸 것이다. 또 유리 블록이나 주택 바탕부의 미관 유지, 내구성 향상 등의 목적으로도 사용되고 있다.

그림 3.57 **타일 면에의 시공 예**

또한 침투성 흡수방지재는 그 간편한 시공성과 기재의 외관을 유지할 수 있는 장점을 이용해 교량이나 고속도로, 철도 등 토목 구조물의 콘크리트 보호재로써 검토가 시작되고 있어 향후의 전개가 기대되는 분야이다.

4) 침투성 고화재

침투성 고화재는 콘크리트 표면에 도포하는 것만으로는 취약한 기재에 침투해 골재나 시멘트 성분과 물리적으로 결합함으로써 기재를 강화하고, 그 위에 시공하는 각종 방수재 혹은 마무리재와 접착성을 향상시킬 목적으로 사용된다.

침투성 고화재에 이용되는 수지는 극저점도의 상온 중합 형태의 것이 많으며, 콘크리트의 미세한 균열이나 공극, 세공 등에 잘 침투해 중합경화하기 때문에 콘크리트가 치밀해져 강도를 회복하고, 더불어 이산화탄소, 수분, 염분 등의 침투를 막을 수 있다.

또한 이 재료는 프라이머로 그 위에 같은 계의 수지로 된 상도재를 이용하면 침투에 의한 앵커효과를 발현시킬 수 있음과 동시에 수지끼리의 상용성에 의해 기재와 상도재의 접착성을 향상시킬 수 있다. 여기에서는 침투성 고화재를 바닥면에 사용하는 경우의 시공순서 및 콘크리트 포장의 보수재로 사용하는 경우의 예를 소개한다.

(1) 바닥면의 시공순서

그림 3.58은 침투성 고화재를 바닥면에 사용하는 경우의 시공순서[55)]를 나타낸다.

(a) A액과 B액의 계량 (b) A액과 B액을 혼합기로 충분히 혼합 (c) 롤러로 도포하고 도포할 때는 반드시 환기팬을 사용

그림 3.58 **침투성 고화재의 시공순서**

(2) 콘크리트 포장의 보수재로써의 이용

그림 3.59는 침투성 고화재를 콘크리트 포장의 보수에 이용하는 경우의 공정을 나타낸 것이다[56].

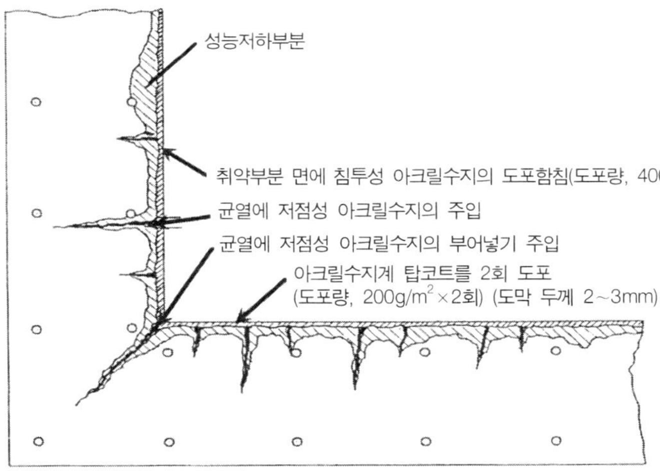

그림 3.59 **침투성 고화재에 의한 보수의 공정**

(3) 침투성 고화재에 의한 바탕의 보강효과

JIS R 5201(시멘트의 물리 시험 방법)에 준하여 제작한 공시체를 이용해 그림 3.60에 나타낸 바와 같이 공시체의 윗면과 아랫면에 침투성 고화재를 도포해 침투시켜 침투부

분의 휨강도 시험을 행하여 침투성 고화재에 의한 바탕체의 보강효과를 확인하였다[56]. 표 3.18에 침투성 고화재를 도포한 모르타르의 휨강도를 나타내었다[56].

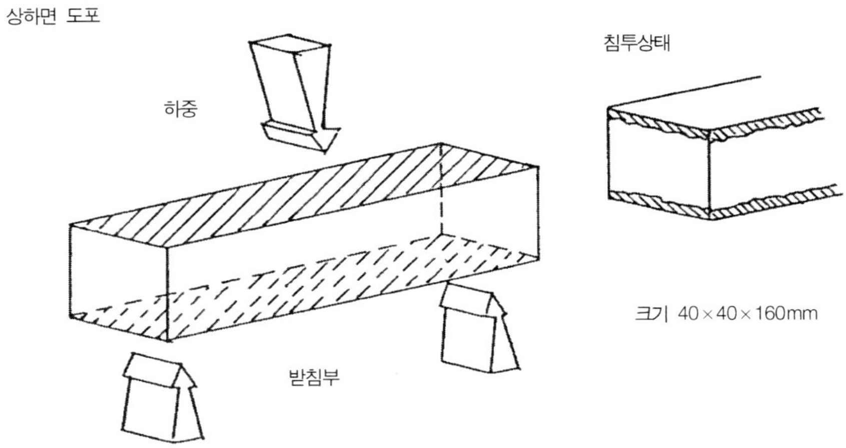

그림 3.60 **침투성 고화재를 도포한 모르타르의 휨강도 시험**

표 3.18 **침투성 고화재를 도포한 모르타르의 휨강도**

도포재 배합 No.	공시체 수	도포량 (g/㎡)	휨강도 (MPa)	상대휨강도 (무도포에 대한)	비고
무도포	3개 평균		5.3	1.00	무도포
1		620	8.6	1.63	1회 도포
2		560	9.0	1.71	
3		460	7.0	1.33	
4		500	7.1	1.35	
5		290	6.1	1.15	
6		590	7.2	1.36	

이와 같이 침투성 고화재는 시공이 용이하고 바탕체 취약부의 강도를 회복시키며 또한 마무리재와 접착성을 향상시킬 수 있기 때문에 바닥면의 보수·보강에 넓게 이용되고 있다.

3.9 철근콘크리트 보수용 폴리머 콘크리트 복합체

3.9.1 개요

철근콘크리트는 내진성, 내화성, 내구성 등이 뛰어난 경제적인 구조재료로 이용되고 있지만, 탄산화나 염해에 의한 철근콘크리트의 조기 성능저하 현상이 대두되어 구조물의 내용연수에 비해 현저하게 짧은 시기에 철근 부식에 의한 성능저하가 나타나게 되었다. 이것의 대응책으로 일본 건설성(현 국토교통성)에 의해 1985~1987년도에 종합기술개발 프로젝트 '콘크리트의 내구성 향상 기술의 개발'이 실시되었으며, 그 외의 각 기관에서도 철근콘크리트 보수에 관한 다양한 연구를 해왔다[57)~61)]. 또한 폴리머 콘크리트복합체소위원회에서는 1997년에 「철근콘크리트조 건축물의 내구성 조사 · 진단 및 보수 지침(안) · 동 해설」을 발간하였다[62)]. 거기에 2003년 건축 보전 센터로부터 출판된 「건축 개수 공사 감리 지침(2002년도판)」의 4장 "외벽 개수공사"에 7절 "철근콘크리트의 철근 부식 보수"가 추가되었다[63)]. 이러한 대응책 이전의 철근콘크리트 보수는 공학적인 경험 법칙에 근거한 재료 및 공법에 의해 시공되어 왔었지만 현재는 수많은 연구나 지침의 정비 등에 의해 많은 철근콘크리트 보수용 재료가 실용화되어 있으며, 그 보수재료로 폴리머 시멘트 모르타르나 폴리머 모르타르 등의 폴리머 콘크리트 복합체가 일반적으로 이용하게 되었다.

보수대상이 되는 철근콘크리트의 성능저하는 그림 3.61과 같이 분류된다[64)]. 이 중에서 최근 사회자본 유지의 필요성을 배경으로 문제시되고 있는 철근 부식에 대한 보수는 일반적으로 조사 · 진단에 의해 성능저하 증상별 보수재료나 보수공법을 선정해 시공하고 있다. 이러한 보수로는 표 3.19에 나타나듯이 성능저하가 일어난 구체에 들뜸 · 박락 등의 단면결손이 생긴 곳에 대한 단면복구공법, 구체에 발생한 균열에 대한 균열 보수 및 성능저하 요인의 차단을 목적으로 한 표면피복이 행해진다. 또한 최근에는 외벽 타일이나 모르타르의 들뜸 · 박락에 대한 보수로써 이것들을 남겨둔 상태로 외벽을 피복하는 외벽 복합 개수 공법이 실용화되어 있다. 이외의 보수 공법으로는 앵커피닝 주입 공법이나 수지 주입 공법 등의 표준적인 공법도 있지만 이 절에서는 제외하기로 한다.

이 절에서는 철근 부식에 대한 보수로써 적용되는 단면복구공법, 균열 주입 보수 및 외벽 복합 개수 공법의 기술 현장에 대해서 기술한다.

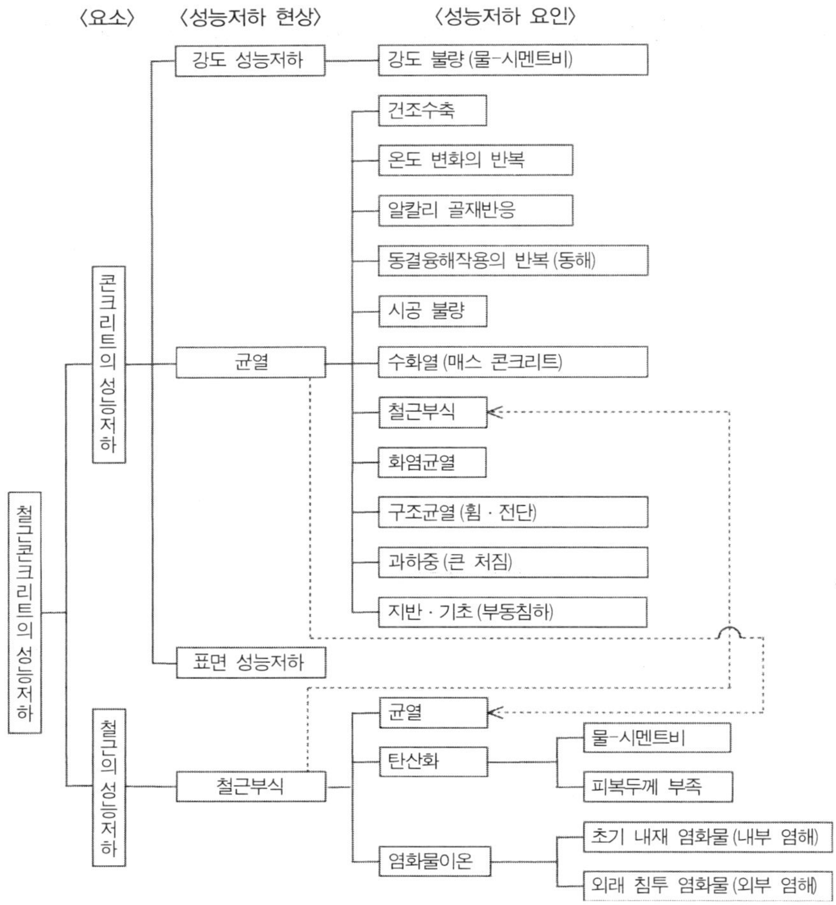

그림 3.61 **철근콘크리트에 생기는 성능저하 현상의 분류**

표 3.19 **철근콘크리트 보수용 폴리머 콘크리트 복합체의 용도별 분류**

성능저하 상태에 따른 분류	보수공법	보수재료
구체에 들뜸 · 박락 등의 단면결손	단면복구공법	① 함침재 : 침투성 고화재, 침투성 알칼리 부여제, 도포형 방청재 등 ② 방청처리재 : 폴리머 시멘트 페이스트, 폴리머 페이스트 ③ 단면복구재 : 폴리머 시멘트 모르타르, 폴리머 모르타르
구체에 균열발생	균열보수	① U컷부 충전재 : 폴리머 시멘트 모르타르, 폴리머 모르타르 ② 균열 주입 : 폴리머 시멘트 페이스트, 폴리머 페이스트
외벽타일이나 모르타르의 들뜸 · 박락	외벽 복합 개수 공법*	① 넷트 : 유기섬유계 매트 등 ② 모르타르 : 폴리머 시멘트 모르타르, 폴리머 모르타르

주) * 외벽타일 등의 들뜸 · 박락에 대한 공법으로는 앵커피닝 공법이나 수지 주입 공법도 있다.

3.9.2 적용 사례

1) 단면복구공법

단면복구공법은 성능저하가 드러난 부분 혹은 건물 전면이 대상이 되며, 그림 3.62 및 그림 3.63에 나타내듯이 파취 후에 단면 결손부분이나 콘크리트 표면에 도포하는 함침재, 노출 철근에 도포하는 방청처리재 및 결손부를 되메우기하는 단면복구재로 대별된다.

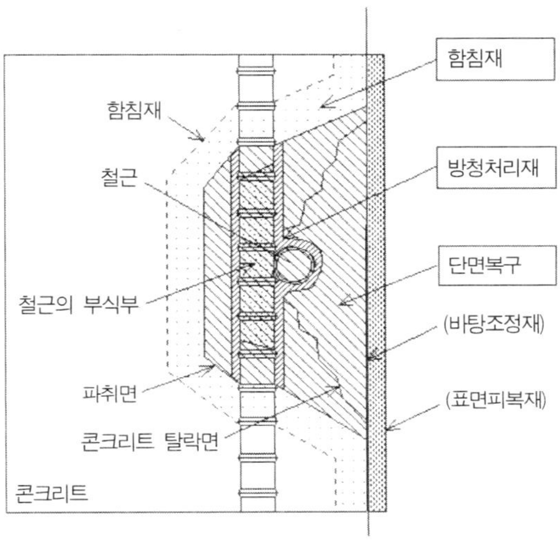

그림 3.62 **단면복구공법의 개념도**

(a) 함침재의 도포 (b) 방청처리재의 도포 (c) 미장 공법에 의한 단면복구

그림 3.63 **단면복구공법의 시공 예**

(1) 함침재

철근콘크리트 보수용으로 이용되는 함침재는 침투성 고화재, 침투성 알칼리성 부여재 및 도포형 방청재로 분류된다.

침투성 고화재로는 에폭시수지계, 아크릴수지계, 폴리우레탄수지계 등을 주성분으로 한 유기계의 것, 규산염계, 콜로이덜 실리카계 등을 주성분으로 한 무기계의 것이 있다. 이것들은 주로 경년 성능저하하여 취약해진 콘크리트 표면을 강화해 다음의 공정으로 시공되는 단면복구재의 부착성능을 확보하기 위해서 이용된다. 또 그 외의 적용으로는 재사용이 가능한 정도의 피해를 입은 콘크리트나 ALC 등의 단면을 복구하는 사전 처리재로써 이용을 들 수 있다. 침투성 알칼리성 부여재에는 규산리튬계의 것 등이 있는데, 콘크리트 표면이나 미세 균열을 통해 성분을 침투시켜 알칼리성을 부여하는 것 외에 침투성 고화재와 같이 취약화한 콘크리트의 강화에도 효과가 있다. 또한 도포형 방청재에는 아질산칼슘계, 아질산리튬계 등이 있다. 이러한 방청기구는 도포 침투한 유효 성분이 철근에 이르러 철근 표면에 부동태 피막을 형성해 방청효과를 가지는 것으로, 그 유효 성분인 아질산이온(NO_2^-)의 도포 침투 후 경년 이온 확산이나 이에 의한 철근의 방청효과에 관한 연구가 보고되고 있다[65),66)].

(2) 방청처리재

방청처리재는 보수 후의 철근 부식을 방지하기 위해 들뜸·박락에 의해 성능저하된 콘크리트를 파취한 후 노출 철근에 도포하는 데에 이용되는 폴리머 시멘트 페이스트나 폴리머 페이스트이다.

방청처리용 폴리머 시멘트 페이스트로는 스티렌부타디엔 고무 라텍스나 폴리아크릴산 에스테르 에멀션 등의 시멘트 혼화용 폴리머 디스퍼전이 이용되며, JIS A 6205 : 1993(철근콘크리트용 방청제)에 규정한 방청제를 혼입한 것도 있다. 방청처리용 폴리머 페이스트에는 에폭시수지계, 아크릴수지계 등의 프라이머, 또는 도료 및 인산, 유기산, 킬레이트화제 등의 성분을 배합한 녹 전환 도료가 있다.

단면복구공법에 있어서 방청처리재를 이용하지 않을 때의 철근 부식은 이용할 경우의 것보다 크며, 그 종류에 따라 매크로 셀 부식이 발생한다는 것이 보고되어 있어 시공에 있어서 적절한 재료 선정이 필요하다[67)]. 이러한 선정에는 일본건축학회의 「철근콘크리트조 건축물의 내구성 조사·진단 및 보수 지침(안)·동해설」의 「부 1.3 철근콘크리트 보수용 방청재의 품질기준(안)」이 참고가 된다.

(3) 단면복구재

철근 부식에 대한 단면복구재로는 시멘트 혼화용 폴리머 디스퍼전이나 재유화형 분말수지를 혼입한 폴리머 시멘트 모르타르 및 폴리머 모르타르가 이용된다. 폴리머 시멘트 모르타르로는 방청처리재와 같은 스티렌부타디엔 고무 라텍스나 폴리아크릴산 에스테르 에멀션을 이용한 것이 많으며, 폴리머 모르타르로는 에폭시수지 등을 이용한 것이 있다. 이것들은 현장에서 품질관리 문제로 인해 잔골재, 혼화재료 등을 공장에서 미리 조정·혼합한 기배합 형태의 것이 많아지고 있다.

보수에 이용되는 단면복구재는 일반적으로 보수하는 콘크리트에 가까운 성상의 것이 좋다고 여겨지고 있다. 특히 치수 안정성이나 장기적으로 접착 내구성이 뛰어난 것, 보수 개소의 크기나 두께 등에 의해 약간 다르지만 탄성계수나 열팽창계수가 콘크리트와 동일한 정도인 것이 중요하다. 폴리머 시멘트 모르타르의 배합으로는 질량비로 시멘트 : 모래=1 : 2~3 정도, 폴리머-시멘트비가 10~20% 정도로, 경량 골재를 이용해 흘러내림을 개선한 것, 조강성을 가지는 것, 방청제를 혼입한 것 등 특징을 가진 것이 많아지고 있다. 또 폴리머 모르타르에는 에폭시수지와 경량 골재를 배합한 흘러내림 방지형, 속경화성 등의 특징을 가진 것이 있다. 이러한 폴리머 모르타르는 작업상 용이하게 시공할 수 있기 때문에 큰 면적의 단면복구부분에 이용하는 경우도 있지만, 탄성계수나 열팽창계수가 구체 콘크리트와 다른 것도 있으므로 그 적용범위가 경미한 단면복구에 한정돼 있다고 지적하는 문헌도 있다[62]. 이와 같이 단면복구재는 다양한 특징을 가지고 있어 그 선정에 있어 적절한 품질기준을 만족하는 것인가를 확인하는 것이 중요하다. 그 기준으로는 전술의 지침(안)·동해설에 기재되어 있는 「부 1.1 단면복구용 폴리머 시멘트 모르타르의 품질기준(안)」이나 「부 1.2 단면복구용 경량 에폭시수지 모르타르의 품질기준(안)」이 참고가 된다.

건축물의 단면복구는 박리·박락 등 부분적인 곳에 이용되는 경우가 많고, 그림 3.63에 나타낸 것처럼 미장 공법에 의해 시공하는 경우가 대부분이지만, 넓은 면적이나 복구부가 두꺼운 곳을 시공하는 경우에는 뿜칠 공법이나 프리팩트 콘크리트 공법 등과 같은 시공기계를 이용하는 경우도 있다.

토목 구조물의 보수에서는 이러한 곳이 시공 대상이 되는 경우가 많으며, 최근에는 그림 3.64 및 그림 3.65에 나타낸 것과 같은 시공기계를 이용하는 공법이 많아지고 있는 것 같다. 또한 폴리머 시멘트 콘크리트를 단면복구재로 이용한 시공 예도 있다[68].

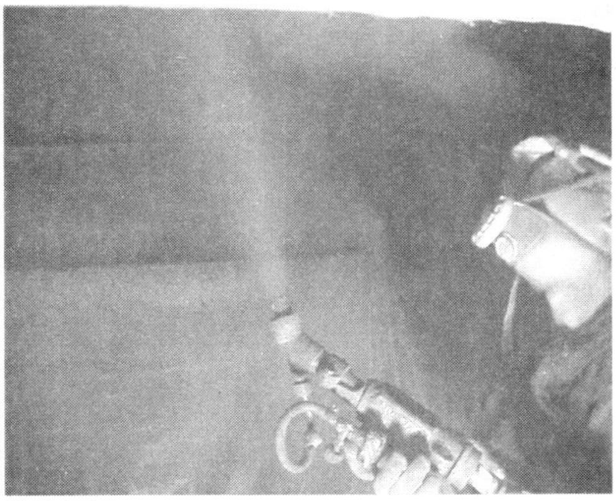

그림 3.64 **뿜칠에 의한 단면복구의 시공 예**

그림 3.65 **프리팩트 콘크리트 공법에 의한 단면복구의 시공 예**

2) 균열 보수

철근 부식에 대한 균열 보수는 구조적, 혹은 시공상 발생한 균열과 철근 부식에 의해 발생한 균열이 대상이 되며 철근의 부식 요인인 산소나 수분의 차단이 목적이 된다. 이러한 보수에는 콘크리트 표면의 균열부분을 U커팅하여 그 부분을 폴리머 시멘트 모르타르나 폴리머 모르타르로 되메우는 방법, 균열부에 폴리머 페이스트나 폴리머 시멘트 페이스트를 주입하는 방법, 균열 표면에 표면 피복재나 침투성 흡수방지재를 시공하는 방법 등이 있지만, 보수 후의 균열 거동이 있는 경우 등에는 유연성이 있는 재료를 선정하는 것도 필요하다.

균열주입공법에서는 통상 JIS A 6024(건축 보수용 주입 에폭시수지)에 규정된 에폭시수지가 자주 이용되지만, 최근에는 경제성, 습윤 면에 대한 접착성, 내화성 등의 면에서 초미립자 시멘트를 이용한 폴리머 시멘트 페이스트의 사용이 서서히 많아지고 있다. 그림 3.66은 에폭시수지를 이용한 균열주입공법을 나타낸다. 한편 균열에 대한 표면 피복으로는 일반적으로 마무리 바름재가 이용되지만, 폴리머 혼입량을 증가시켜 구체의 균열 거동에 견딜 수 있는 신장능력을 가지는 폴리머 시멘트 페이스트도 실용화되어 있다.

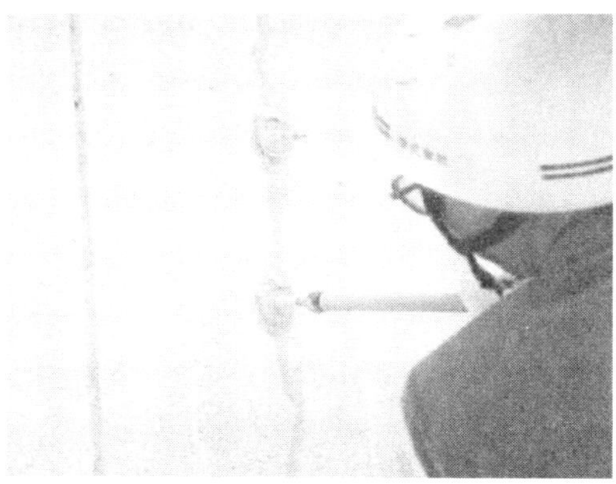

그림 3.66 **균열주입공법의 시공 예**

또한 최근 이산화탄소에 의한 촉진 탄산화 실험에서는 균열부분을 모두 충전하지 않으면 탄산화 진행의 억제효과를 볼 수 없기는 하지만, 건습 반복에 의한 염화물이온의 침투 시험에서는 콘크리트 표면에서 어느 정도 깊이의 균열 주입으로도 염화물이온의 침투가 조장되지 않는다는 연구 보고[69]도 있어서 환경조건이나 성능저하 요인에 대한 경제적·효과적인 균열 보수에 관한 새로운 연구가 필요하다.

3) 외벽 복합 개수 공법

외벽 복합 개수 공법은 기존의 콘크리트 구조의 외벽 개수공사에 있어 타일붙임 마감 외벽 및 모르타르 바름 마감 외벽의 박락을 방지하기 위한 보수공법이며, 기존의 마감층을 제거하지 않고 앵커 핀과 섬유망 보강 모르타르 등에 의해 물리적으로 안착시키는 것이다. 이 공법은 일본 국토교통성의 "건축개수공사 감리 지침"에 의한 것이다[63]. 표 3.20은 외벽 복합 개수 공법의 개발 목표를 나타낸다.

표 3.20 **외벽 복합 개수 공법의 개발 목표**

개발목표	평가항목	평가기준
① 외벽 마감층의 박락에 대한 안전성을 확보한 것일 것	- 핀에 걸리는 외력에 대해서 핀이 충분한 내력을 가질 것 - 복합개수층의 바탕과의 일체화 및 바탕 보수 효과를 가질 것	- 개수층이 박락할 경우의 자중, 지진력, 풍압력에 의한 핀에 걸리는 외력에 대해, 다음의 내력이 충분한 안전성을 가질 것 - 콘크리트 구체에 대한 핀의 인발 내력 - 복합 개수층에 대한 핀의 인발 내력 - 핀의 전단내력 - 바탕과의 부착 강도가 0.4MPa 이상일 것 - 개수층의 보강효과가 있을 것
② 내구성을 가질 것	핀, 망 및 바름재의 내구성	- 핀은 부식에 대한 저항성이 높을 것 - 망은 열열화나 알칼리성(바름 재료가 시멘트계의 경우)에 대해서 저항성이 높을 것 - 핀, 망 및 바름 재료의 조합된 복합 개수층이 내구성을 가질 것 - 신규 마감층의 들뜸이나 균열 등이 발생하기 어려울 것
③ 시공성이 좋을 것	적절한 시공요령이 확인되어 있고 안정성 등에도 지장이 없을 것	- 확실한 시공 실적과 시공의 안전성이 확보될 수 있는 표준시공 요령서가 정비되어 있을 것 - 협소한 부분의 시공에 있어서도 특별한 지장 없이 시공 가능할 것 - 기존 마감층을 제거할 필요가 없이 건설폐기물을 거의 발생시키지 않는 것일 것
④ 경제성이 우수한 것일 것	경제성	- 경제성이 우수한 것일 것

그림 3.67에 나타내듯이 외벽 복합 개수 공법의 공통된 구성은 마감층의 표면에서 구체 콘크리트에 구멍을 뚫고, 마감층의 표면으로부터 앵커 핀을 정착시켜 섬유망을 폴리머 콘크리트 복합체로 설치하는 것이다. 앵커 핀의 정착에는 마감층을 고정하는 것과 마감층과 섬유망 양쪽 모두를 고정하는 것이 있다. 이것들은 기존의 마감층을 제거하지 않고 시공되기 때문에 마감층을 제거하는 경우와 비교해 경제성이나 공사기간의 면에서 유리하며 폐기물의 발생이 줄어드는 특징이 있다. 이것들에 이용되는 섬유망으로는 비닐론섬유, 유리섬유, 폴리프로필렌섬유 등이 있으며, 모르타르에는 스티렌부타디엔 고무 라텍스 등을 이용한 폴리머 시멘트 모르타르나 불포화 폴리에스테르 수지를 이용한 폴리머 페이스트가 있다. 공법에 따라서는 폴리머 시멘트 모르타르와 물리적인 접합을 높이기 위해서 앞뒤에 루프 모양의 섬유를 둔 망을 이용한 것, 앵커 핀의 표층부 선단의 면적을 크게 해 물리적인 접착면적을 크게 한 것, 폴리머 페이스트를 이용한 것 중에는 구체의 환기성을 확보하기 위해서 중공형 앵커 핀을 이용한 것 등이 있다.

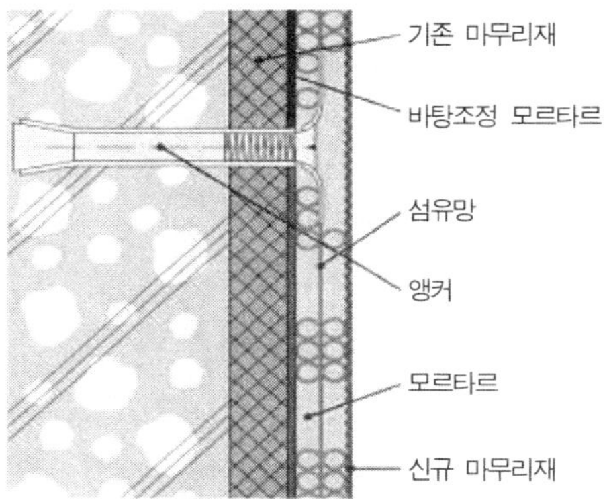

그림 3.67 **외벽 복합 개수 공법의 모식도**

이러한 공법은 성능저하한 마감층의 박락을 방지하는 본래의 목적 이외에 폴리머 콘크리트 복합체의 피복에 의해 외부로부터 성능저하 요인을 억제하는 효과도 기대할 수 있다. 그림 3.68은 외벽 복합 개수 공법의 시공 예를 나타낸다[60].

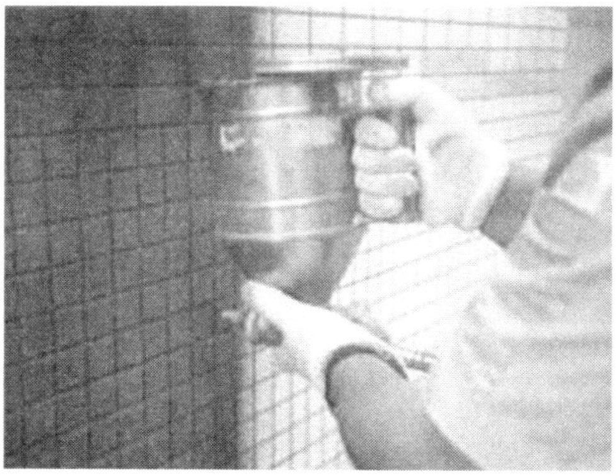
(a) 바탕조정재 뿜칠

(b) 모르타르 바름

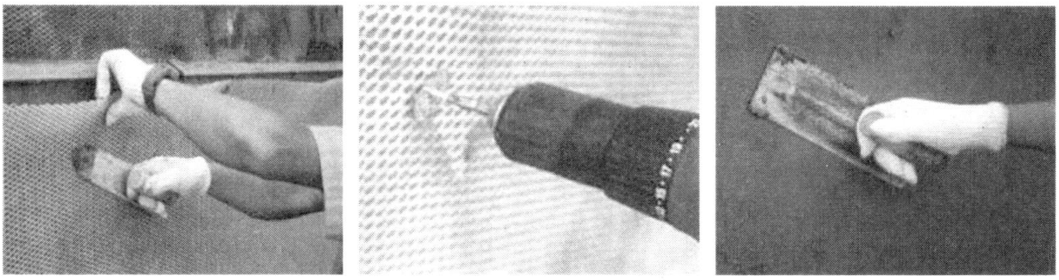

(c) 섬유망 붙이기　　(d) 섬유망 정착　　(e) 모르타르 바름

그림 3.68 **외벽 복합 개수 공법의 시공 예**

3.10 포장재

3.10.1 개요

포장 분야에서는 환경 대응, 내구성, 경관, 주행성, 생애주기비용 등을 고려하는 관점에서 새로운 공법을 고안, 채용하고 있으며, 이에 따른 폴리머의 사용이 진전되고 있다. 주된 포장 재료인 아스팔트에 있어서도 유동성, 내마모성, 미끄럼 저항성 등의 향상을 위해 스티렌부타디엔 고무 라텍스 등의 폴리머 재료를 첨가하고 있다. 또 아스팔트의 혼합 용해성 개선을 위해 석유수지를 혼합해 분체화한 재료가 고안되어 사용되고 있다. 배수성 포장, 투수성 포러스 콘크리트 포장, 반강성 포장, 보수성 포장, 교량상판 보수 등에는 폴리머 디스퍼전, 재유화형 분말수지, 고흡수성 폴리머 등의 폴리머 혼화제를 이용한 폴리머 시멘트계 재료가 이용되고 있다. 그리고 흙, 목편 칩, 고무 칩 등에 폴리머 디스퍼전, 폴리우레탄수지, 에폭시수지 등을 첨가해 굳힌 각종 경관용 포장 재료가 사용되고 있다.

최근의 동향을 살펴보면 환경 대응이 중심이 되어 표 3.21 및 표 3.22와 같은 건축 폐재의 재생이용이나 환경부하를 줄이기 위해 이산화탄소 배출을 억제하는 중온화 포장 및 상온 포장이 개발되었다[70]. 또 생활환경 개선의 측면에서는 물 튀김이나 소음 대책용 배수성 포장, 열섬현상 대책용 보수성 포장, 질소산화물(NO_X)을 분해하는 광촉매 포장 등의 기술이 주목받고 있다.

이 절에서는 폴리머 콘크리트 복합체를 사용해 새롭게 개발된 포장기술 중 배수성 포장, 투수성 포러스 콘크리트 포장, 반강성 포장, 반강성 보수성 포장 등에 대해서 사용 재료, 공법 및 시공 예를 소개한다.

표 3.21 **주된 폐기물과 포장 분야에 있어서의 재생이용의 동향**

폐기물 발생 분야	폐기물의 종류	재생이용의 방법
포장 분야	아스팔트 콘크리트	재생 가열 아스팔트 혼합물(플랜트 생산 방식)
		재생 가열 아스팔트 혼합물(노상 재생 공법)
	아스팔트 콘크리트+노반재	재생 노반재(노상 재생 공법)
	연약 노상토	구축노상(노상 안정 처리 공법)
포장 이외의 건설 분야	시멘트 콘크리트	재생 노반재
	건설 발생토	구축노상(노상재)
		노반재(저품질의 경우는 안정처리를 행함)
	건설 오니	구축노상(성토재) (통상 안정처리를 행함)
그 외 산업 분야	각종 슬래그	노반재 · 골재(아스팔트 혼합물용 · 각종 블록용)
	타이어, 유리, 도자기 등	특수골재(아스팔트 혼합물 · 각종 블록용)
	목편, 나무껍질 등	보도 · 자전거도로 포장용 혼입재

표 3.22 **포장 분야에 있어서 환경부하의 경감대책 예**

환경의 구분		대책기술	주요 효과
지구환경	지구온난화의 억제	중온화 아스팔트 혼합물의 사용	CO_2 배출량의 삭감
		상온 아스팔트 혼합물의 사용	CO_2 배출량의 삭감
자연환경	자원의 장기이용 (포장의 장기 수명화)	복합포장	포장구조의 강화
		개질아스팔트의 이용	아스팔트 혼합물의 내구성 향상
	자원절약 기술의 활용	노상 · 노반의 안정처리	저품질 재료의 활용
생활환경	공사 정체의 삭감	장기수명화 포장	노상공사의 삭감
	도로의 진동 억제	평탄성 유지	교통충격 진동의 완화
		노상 · 노반의 강화	진동 전반의 억제
	노면소음의 저감	배수성 포장 · 저소음 포장	타이어의 패턴에 의한 노면 소음의 발생 억제
	지하수의 함양	투수성 포장	지하로의 우수 침투
	노면온도 상승의 억제	보수성 포장 · 투수성 포장	기화열에 의한 포장온도 상승의 억제
		토계포장	기화열에 의한 포장온도 상승의 억제

3.10.2 적용 사례

1) 배수성 포장

배수성 포장은 표층 또는 표층과 기반의 양쪽 모두에 공극률이 큰 개립도(開粒度) 아스팔트 혼합물을 시공해 노면에서 갓길 또는 측구로 빗물을 신속하게 배수하는 차도용 포장으로, 현재 가장 주목을 받고 있는 포장기술이다. 비가 올 때 물 튀김 방지, 하이드로플레이닝(Hydroplaning) 방지, 야간이나 비가 오는 날 인식성 향상 등의 효과 외에 다공구조에 의해 흡음성을 가지므로 차량이 주행할 때 소음저감에도 효과가 있다.

(1) 재료 및 특성

(a) 아스팔트

배수성 포장용 아스팔트 혼합물은 합성 입도에 있어서 2~36mm체 통과분이 15~30% 범위의 것이기 때문에 굵은골재가 주체로 구성되어 내구성에 유의할 필요가 있으므로 골재에 대한 부착력이 좋은 개질 아스팔트가 이용되고 있다. 또 포장용 개질 아스팔트에는 고무·열가소성 엘라스토머 혼입 아스팔트와 가열한 아스팔트에 가열 공기를 불어넣어 감온성을 개선한 세미블로운 아스팔트가 있다. 고무·열가소성 엘라스토머 혼입 아스팔트는 사용 목적에 의해 I형(미끄럼 방지 및 내마모성 향상)과 II형(내유동성, 미끄럼 방지 및 내마모성 향상)으로 분류된다. I형은 스티렌부타디엔 고무 라텍스 등을 아스팔트에 5% 정도 첨가한 것으로 저온 신장률, 응집력 및 점결력를 개선한 것이며, II형은 SBS(스티렌부타디엔·스티렌 블록 공중합체), SIS(스티렌 이소프렌·스티렌 블록 공중합체), EVA(에틸렌·초산비닐 공중합체), EEA(에틸렌·아크릴산에틸 공중합체) 등의 열가소성 엘라스토머를 아스팔트에 5% 정도 첨가한 것으로 유동성, 터프니스 및 테너시티를 개질한 것이다. 표 3.23은 고무·열가소성 엘라스토머 혼입 개질 아스팔트의 표준적 특성을 나타낸다[70].

표 3.23 **고무·열가소성 엘라스토머 혼입 개질 아스팔트의 표준적 특성**

특성	개질 아스팔트 Ⅰ형	개질 아스팔트 Ⅱ형
침입도(25℃) (1/10 mm)	50 이상	40 이상
연화점(℃)	50～60	56～70
신도(7℃) (mm)	30 이상	–
신도(15℃) (mm)	–	30 이상
인화점(℃)	260 이상	260 이상
도막가열 침입도 잔류율(%)	55 이상	65 이상
터프니스(25℃) (N·m)	4.9 이상	7.8 이상
테너시티(25℃) (N·m)	2.5 이상	3.9 이상

(b) 골재

골재는 공극률 15～25%를 보관 유지할 수 있도록 입경이 5～13mm인 부순돌이 사용된다.

(c) 아스팔트 혼합물의 배합

배수성 포장용 개립도 아스팔트 혼합물의 배합에서는 그림 3.69와 같이 밀입도 아스팔트 혼합물에 비해 굵은골재량을 많게 해서 공극을 확보한다[71].

개립도 아스팔트 혼합물의 배합

굵은골재	잔골재	필러(白粉)	아스팔트
80%	10%	5%	5%

밀입도 아스팔트 혼합물의 배합

굵은골재	잔골재	필러(白粉)	아스팔트
55%	34%	5%	6%

그림 3.69 **배수성 포장용 개립도 아스팔트 혼합물의 배합 예(밀입도 아스팔트 혼합물과의 비교)**

보통 골재 : 개질 아스팔트=100 : (4～6)(질량비)의 개립도 아스팔트 혼합물이 이용된다. 표 3.24는 배수성 포장용 개립도 아스팔트 혼합물의 배합을 정할 때 이용하는 목표 특성값을 나타낸다[71].

표 3.24 **배수성 포장용 개립도 아스팔트 혼합물의 배합을 정할 때 목표 특성값**

특성	목표값
공극률(%)	15～25
투수계수(cm/s)	10^{-2} 이상
마샬 안정도(kN)	3.43 이상
플로값(1/10mm)	20～40

2) 시공

배수성 포장의 시공은 통상의 아스팔트 포장과 같은 공정으로 행해지지만 소정의 공극률을 확보하기 위해 전압이나 아스팔트 혼합물의 온도관리에 주의가 필요하다. 그림 3.70은 배수성 포장의 공정을 나타낸다. 이와 같은 통상의 공정 이외에 표면 강화나 기능 유지를 위해 투수성 폴리머 모르타르를 표면의 간극에 주입하는 공법 등이 채용되고 있다. 그림 3.71은 투수성 폴리머 모르타르의 충전공법의 공정과 시공 예를 나타낸다[72].

노상의 시공

↓

노반의 시공

시멘트 또는 석회에 의한 토질 안정 처리

↓

불투수층의 시공

아스팔트 혼합물의 위에 고무 혼입 아스팔트 유제의 산포(약 0.5l/m^2)

↓

기층의 시공 아스팔트 혼합물의 피니셔에 의한 평탄화
→ 전압롤러에 의한 다짐 → 타이어롤러 등에 의한 마무리 전압

↓

표층의 시공 개립도 아스팔트 혼합물의 피니셔에 의한 평탄화
→ 전압롤러에 의한 다짐 → 타이어롤러 등에 의한 마무리 전압

↓

시공 완료

아스팔트 혼합물의 온도가 상온까지 저하하는 것을 기다려 교통 개방

그림 3.70 **배수성 포장의 공정**

그림 3.71 **투수성 폴리머 모르타르 충전공법의 공정과 시공 예**

(3) 포장의 구성과 배수, 시공 예

그림 3.72는 배수성 포장의 구성을[71], 그림 3.73은 배수성 포장에 있어서 배수처리를 나타낸다[71].

배수성 포장은 소음 및 수막현상 대책으로, 주로 시가화 도로, 고속도로 등에 시공되고 있다. 그림 3.74는 국도의 배수성 포장 시공의 예다[73].

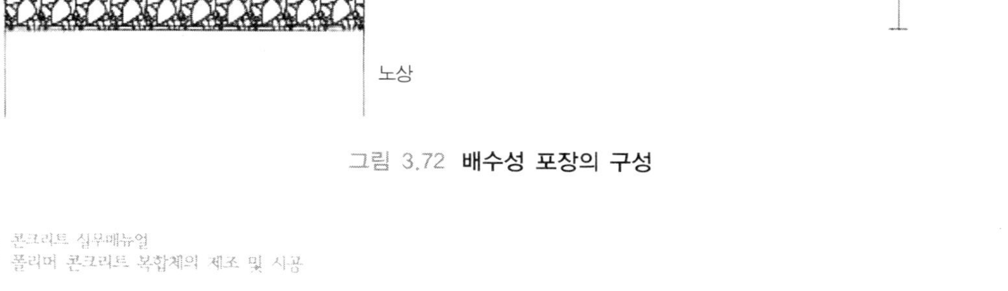

그림 3.72 **배수성 포장의 구성**

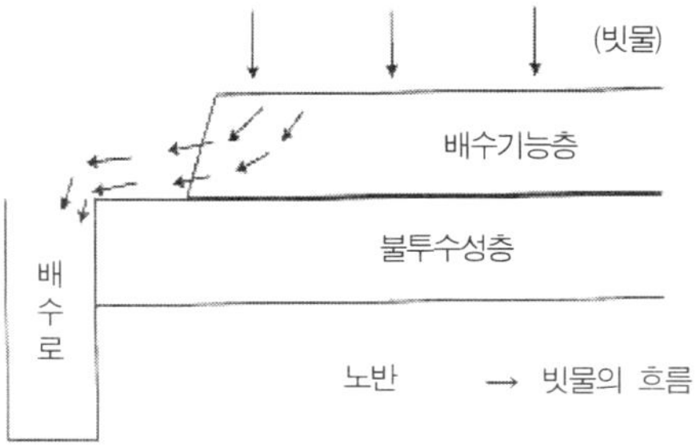

(a) 갓길 배수의 경우

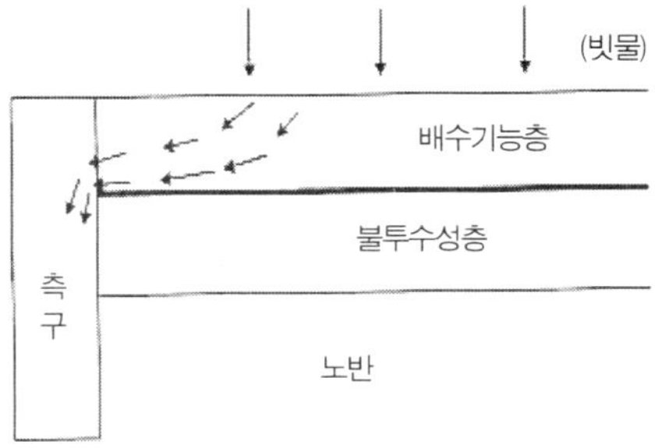

(b) 측구 배수의 경우

그림 3.73 **배수성 포장에 있어서의 배수 처리**

그림 3.74 **배수성 포장**

2) 투수성 포러스 콘크리트 포장

투수성 포러스 콘크리트 포장은 폴리머 혼화제를 혼입한 폴리머 시멘트 페이스트를 결합재로 하는 다공질 콘크리트로, 공극률 약 25% 정도의 것을 이용한 포장이며, 빗물을 노반 이하에 침투시킨다. 그림 3.75는 투수성 포러스 콘크리트 포장의 표면을 나타낸다[74]. 이것은 다공질 콘크리트의 공극을 통해 빗물 등을 투과시켜 지하에 물을 되돌리는 공법으로 노면의 배수불량 방지, 지하수 감소 방지, 지중으로부터 수분 증발을 통한 노면온도의 상승 억제 등 환경보전에도 효과가 있다.

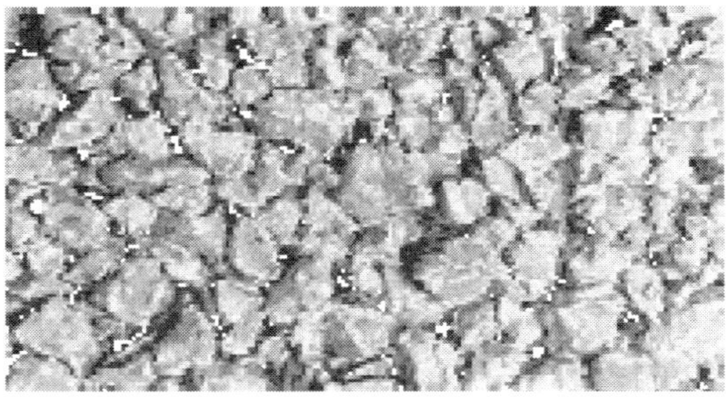

그림 3.75 **투수성 포러스 콘크리트 포장의 표면**

(1) 재료와 특성

(a) 시멘트

시멘트에는 일반적으로 보통 포틀랜드 시멘트 및 조강 포틀랜드 시멘트가 이용된다.

(b) 골재

골재로는 일반적으로 입경 5～13mm인 부순돌을 사용하였고, 표층 마무리 상태에 따라 입경 13～20mm인 부순돌과 입경 2.5～5mm인 부순돌을 병용한다.

(c) 폴리머 혼화제

골재와의 접착성을 높이기 위해 폴리머 혼화제로는 스티렌부타디엔 고무 라텍스, 폴리아크릴산 에스테르 에멀션 및 재유화형 분말수지가 사용된다.

(d) 그 외의 재료

보강재로는 비닐론섬유, 혼화재에는 실리카 퓸 등을 사용하는 경우가 있다.

(e) 투수성 다공질 콘크리트의 배합

폴리머 혼화제를 이용한 투수성 다공질 콘크리트의 표준배합은 질량비로 시멘트 : 골재 : 폴리머 디스퍼전 : 물 = 100 : 500 : 20 : 20으로 필요한 공극률의 확보가 가능하도록 설계한다. 여기서, 폴리머 디스퍼전의 양은 물을 제외한 전체 고형분을 의미한다. 표 3.25는 투수성 다공질 콘크리트의 배합을 정할 때의 목표 특성값을 나타낸다.

표 3.25 **투수성 다공질 콘크리트의 배합을 정할 때의 목표 특성값**

용도의 구분	목표값	
	휨강도(MPa)	공극률(%)
차도용	3.5~5.0	15~26
보도용	2.0~3.0	20~25

(2) 시공

그림 3.76은 투수성 포러스 콘크리트 포장의 공정을, 그림 3.77은 투수성 포러스 콘크리트 포장의 시공 상황을 나타낸다.

노반의 시공
용도에 따라서 두께 120~160 mm 정도로 시공

↓

거푸집 설치

↓

비빔
레디믹스트 콘크리트 플랜트에서 비빔 혹은 현장 비빔

↓

반송
레디믹스트 콘크리트 플랜트에서 비빔하는 경우에는 덤프트럭으로 운반

↓

타설
레키도저 또는 피니셔에 의한 타설

↓

다짐
플레이트 등에 의한 다짐

↓

평탄 마무리
목손 등에 의한 평탄 마무리

↓

양생
폴리염화비닐시트 씌우기, 스펀지 매트 산수 등에 의한 양생

↓

줄눈공
수축 줄눈 간격 약 8m, 팽창 줄눈 간격 약 60m를 목표로 하여 줄눈 자르기

그림 3.76 **투수성 포러스 콘크리트 포장의 공정**

그림 3.77 **투수성 포러스 콘크리트 포장의 시공 상황**

(3) 시공 예

투수성 포러스 콘크리트 포장은 차도, 보도, 공원의 광장, 주차장 등에 사용되고 있다. 그림 3.78은 투수성 포러스 콘크리트의 시공 예를 나타낸다[74].

그림 3.78 **투수성 포러스 콘크리트 포장의 시공 예**

3) 반강성(半剛性) 포장 및 반강성 보수성(保水性) 포장

반강성 포장은 개립도 아스팔트 혼합물로 시공한 포장의 공극부에 폴리머 시멘트 페이스트를 침투시킨 포장으로, 아스팔트 포장의 강성과 콘크리트 포장의 강성을 겸비하고 있어 내구성이 뛰어나다. 아스팔트 포장의 바퀴자국 패임이 개선되며, 콘크리트 포장과는 달리 줄눈이 불필요하다는 특징을 가지고 있다. 최근에는 반강성 포장에 고흡수성 폴리머 등으로 보수성을 부여해 히트 아일랜드를 방지하기 위한 반강성 보수성 포장의 시험시공이 실시되고 있다.

(1) 재료 및 특성

(a) 아스팔트

반강성 포장용 아스팔트에는 일본도로협회의 품질규격에 적합한 제품을 이용한다.

(b) 골재

아스팔트 혼합물은 포장 두께에 의해 I형과 II형으로 분류된다. I형은 약 50mm 전후의 포장 두께로 입경 5~13mm인 골재를, 또 II형은 약 100mm 전후의 포장 두께로 입경 13~20mm인 골재를 사용한다.

(c) 아스팔트 혼합물

반강성 포장용 아스팔트 혼합물로는 보통 침입도가 60~80의 아스팔트에 골재를 3.0~4.5% 혼합해 표 3.26[75]의 특성을 주는 것을 사용한다.

표 3.26 **반강성 포장용 아스팔트 혼합물의 표준적 특성**

밀도 (g/cm^3)	마샬안정도 (kN)	플로값 (1/10mm)	공극률 (%)	다짐횟수 (회)	다짐온도 (℃)
1.9 이상	2.94 이상	20~40	20~28	50	아스팔트의 동점도(動粘度) 300±30mm^2/s에 의한 온도

(d) 침투용 폴리머 시멘트 페이스트

침투용 폴리머 시멘트 페이스트는 시멘트에 플라이애쉬, 규사, 석분 등의 미분 골재와 균열을 한층 더 억제하기 위해 폴리머 디스퍼전이나 재유화형 분말수지 등의 폴리머 혼화제를 혼입하고, 그 외에 소포제, 유동화제 등을 첨가해 잘 비빔하여 제조한다. 폴리머 시멘트 페이스트 제조용 재료에는 공장에서 혼합한 프리믹스형과 현장에서 배합하는 현장배합형이 있다.

보수성 포장의 경우에는 보수재로 고흡수성 폴리머 등을 첨가해 이용한다. 또 시공 후 교통 개방시간에 따라 보통 포틀랜드 시멘트, 조강 포틀랜드 시멘트, 초속경 시멘트 등을 사용한 보통 타입(약 3일 후 개방), 조강 타입(약 1일 후 개방) 및 초속경 타입(3시간 후 개방)이 있다. 표 3.27은 침투용 폴리머 시멘트 페이스트의 표준적 특성, 그리고 그림 3.79에는 반강성 포장의 단면을 나타낸다[76].

표 3.27 **침투용 폴리머 시멘트 페이스트의 표준적 특성**

특성	표준값	시험 방법
플로값(s)	10~14	P로트법
압축강도(재령 7d) (MPa)	9.8~29.4	JIS R 5201
휨강도(재령 7d) (MPa)	2.0이상	JIS R 5201

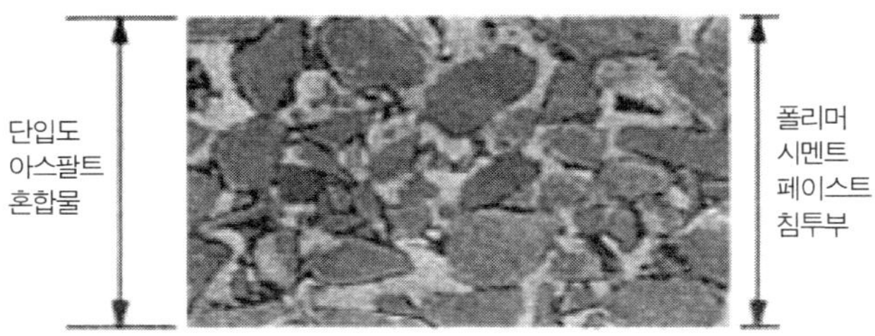

그림 3.79 **반강성 포장의 단면**

(2) 시공

반강성 포장 및 반강성 보수성 포장의 시공은 개립도 아스팔트 혼합물 포장의 상부로부터 폴리머 시멘트 페이스트를 침투시키는 공법으로 실시된다. 그림 3.80은 반강성 포장 또는 반강성 보수성 포장의 공정을, 그림 3.81은 그 시공순서를 나타낸다[76].

개립도 아스팔트 혼합물의 시공

공극률을 20~28% 유지

↓

폴리머 시멘트 페이스트의 비빔

그라우트 믹서 등에 의해 액체성분과 분체성분을 균일하게 비빔

↓

폴리머 시멘트 페이스트 부어넣기

개립도 아스팔트 혼합물의 포장 위에 부어넣어 데크 솔 등에 의한 넓혀 고르기

↓

주입 · 침투

진동롤러, 플레이트 등에 의한 주입 · 침투

↓

마무리

플레이트 등으로 표면을 균일하게 펴서 마무리

↓

양생

교통개방 때까지 양생

↓

시공완료

그림 3.80 **반강성 또는 반강성 보수성 포장의 공정**

(a) 그라우트 믹서 등에 필요한 물을 전량 넣고 교반하면서 분체성분을 투입한다.

(b) 분체성분 투입 후 균일한 폴리머 시멘트 페이스트가 될 때까지 비빔한다.

(c) 비빔한 폴리머 시멘트 페이스트를 배출해 보통의 시멘트 페이스트와 같은 방법으로 주입 · 침투 작업을 한다.

그림 3.81 **폴리머 시멘트 페이스트의 주입 · 침투 시공**

(3) 시공 예

반강성 포장 및 반강성 보수성 포장[77]은 중량이 큰 차량이 정지해 노면에 큰 부하가 가해지는 창고의 적치장소, 교차점, 버스정류소 등의 장소나 내유성이나 난연성이 요구되는 주유소, 공장 등에 사용된다.

그림 3.82 **반강성 보수성 포장의 시공 예**

4) 그 외의 포장

(1) 광촉매 포장

차의 배기가스 등에서 발생하는 질소산화물(NO_X)이 대기오염을 일으키고 있기 때문에 대기정화를 위한 포장으로 광촉매 포장이 실용화되고 있다. 광촉매 포장은 개립도 아스팔트 혼합물에 의한 배수성 포장의 표면에 광촉매(아나타스형 산화티탄)를 포함한 폴리머 시멘트 페이스트를 도포하는 방법[78),79)]이나 광촉매를 포함한 인터록킹 블록을 시공하는 방법[80)] 등으로 이루어진다. 광촉매 포장에 있어 대기정화 기구를 그림 3.84에, 그리고 그 시공 예를 그림 3.83에 나타낸다[81)].

그림 3.83 **인터록킹 블록에 의한 광촉매 포장의 시공 예**

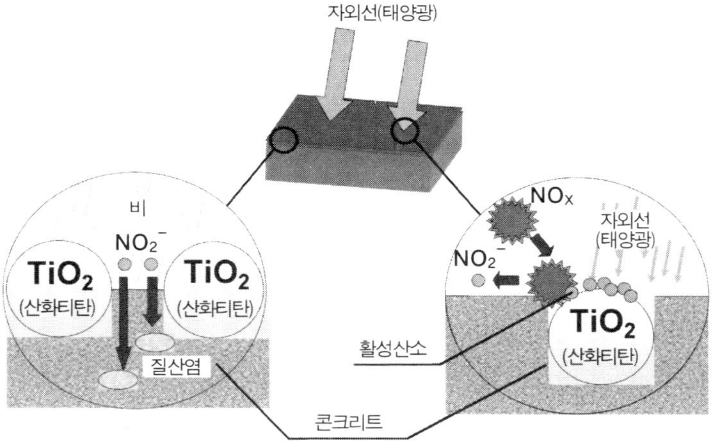

그림 3.84 **광촉매 포장에 있어서 대기정화 기구**

(2) 중온화 포장

중온화 포장은 그림 3.85에 나타낸 원리와 같이[82], 아스팔트에 미세한 기포를 발생시켜 그 볼베어링 효과에 의해 아스팔트 혼합물의 용해 점도를 저하시키는 것으로, 용해 온도를 통상적인 150℃에서 120℃로 저하시켜 에너지 절감과 더불어 이산화탄소 발생 억제를 꾀하는 공법이다.

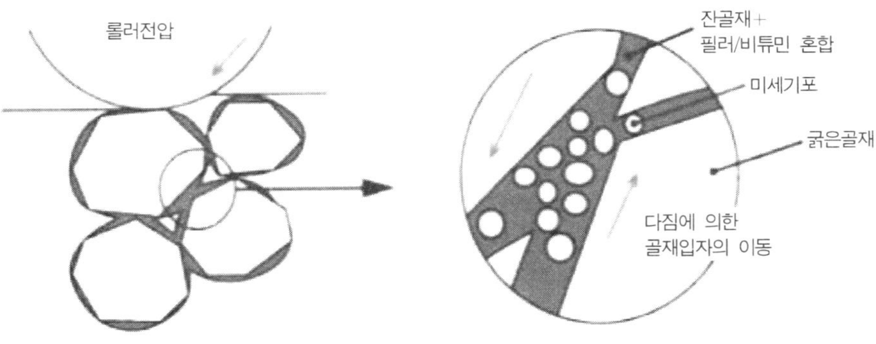

그림 3.85 **중온화 포장의 원리**

(3) 동결 억제 포장

동결 억제 포장은 경질 고무 골재를 아스팔트 혼합물 포장의 노면에 살포해 롤러를 압입시켜 표층에 강성(탄력성)을 갖게 하여, 재하했을 때 변형으로 얼음이 형성되는 것을 막음과 동시에 얼음을 파괴해 동결을 막는 공법으로 한랭지에 시공되고 있다. 그림 3.86은 동결 억재 포장의 개념을 나타낸 것이다[83].

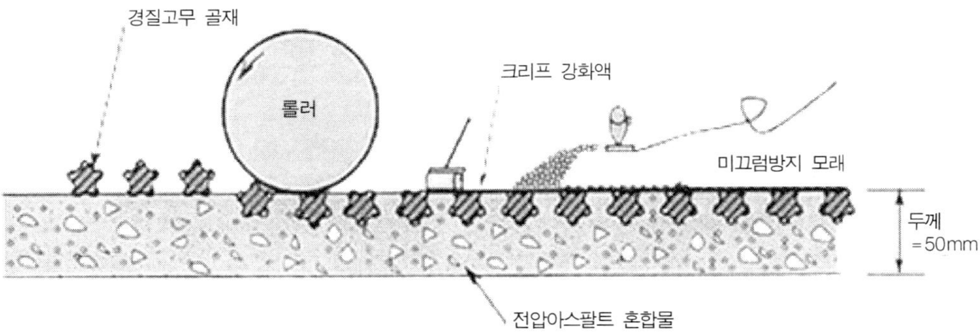

그림 3.86 **동결 억제 포장의 개념**

(4) 토계 경관 포장

토계 경관 포장은 각종 폴리머 디스퍼전, 폴리우레탄수지, 에폭시수지 등의 결합재와 천연모래를 비빔하여 포장재를 만들어 타설한 후에, 롤러 등으로 전압하여 다짐하고 건조 고화를 행하는 간단한 공법이다. 자연에 가까운 노면을 만들 수 있으며, 모래먼지의 발생이나 빗물에 의한 진창이 생기지 않으며, 보행성이 뛰어나 공원의 산책길, 런닝로드, 자전거 전용도로, 정원로 등에 시공되고 있다. 그림 3.87은 토계 경관 포장의 공정을 나타낸다[84].

(a) 포장재의 비빔

(b) 포장재의 타설

(c) 롤러에 의한 전압 · 다짐

(d) 시공완료

그림 3.87 **토계 경관 포장의 공정**

3.11 프리캐스트 제품

3.11.1 개요

폴리머 콘크리트 및 폴리머 함침 콘크리트에 관한 일반적인 특성에 대해서는 앞장에서 기술한 바 있다. 그중에서 폴리머 콘크리트는 단시간에 경화되고 고강도이며 접착이 용이하다는 등의 이점을 살려 프리캐스트 제품에 적용되고 있다. 경화시간이 단축되면 거푸집의 조기탈형이 가능해지고, 그로 인해 거푸집의 전용 효율이 향상되어 거푸집 수를 줄일 수 있다. 또한 폴리머 콘크리트에 의한 프리캐스트 제품은 일반적으로 상온양생을 하기 때문에 양생설비가 불필요해진다. 프리캐스트 제품으로 사용되는 폴리머로는 불포화 폴리에스테르수지, 에폭시수지, 아크릴수지 등을 들 수 있는데, 경화시간 제어가 쉽고 경제적이기 때문에 불포화 폴리에스테르수지가 많이 이용되고 있다.

한편 폴리머 함침 콘크리트는 폴리머에 의한 개질에 의해 시멘트 콘크리트와 비교해 내약품성, 내후성, 내마모성 등 뛰어난 내구성을 가지고 있다. 일본의 경우 함침재로는 메타크릴산메틸이, 중합 방법으로는 가열 방법이 사용되는 경우가 많다. 이 절에서는 폴리머 콘크리트 복합체를 적용한 프리캐스트 제품의 사례를 소개한다.[85)~87)]

3.11.2 적용 사례

1) 맨홀

국내 통신용 맨홀의 개발은 KT 주체로 1992년부터 통신용 맨홀 개발에 착수하여 1995년 말 일본에 이어 세계에서 두 번째로 개발에 성공, 상용화하였으며, 국내 기업에서는 1996년부터 양산체제를 구축하고 규격화된 제품을 사용해 오고 있다. 폴리머 콘크리트를 맨홀에 적용하여 얻는 이점은 아래와 같다.

(1) 폴리머 콘크리트에 의한 부재의 고강도화로 부재 두께를 얇게 설계하는 것이 가능해진다. 그 결과 단면 치수의 축소로 가벼워져 운반·설치·굴삭토량 저감, 취급비용 저감, 선행 매설물과의 경합 회피가 가능해진다.
(2) 분할된 각 블록은 접착재로 용이하게, 또한 단시간에 일체로 접착되어 단기 시공을 가능하게 하므로, 도로에 설치하는 경우 교통장애 등을 경감할 수 있다.
(3) 양호한 내식성에 의해 매설 토양의 성질에 영향을 받지 않고 사용할 수 있다.

그림 3.88은 이러한 특징을 살린 맨홀을 나타낸다[88),89)].

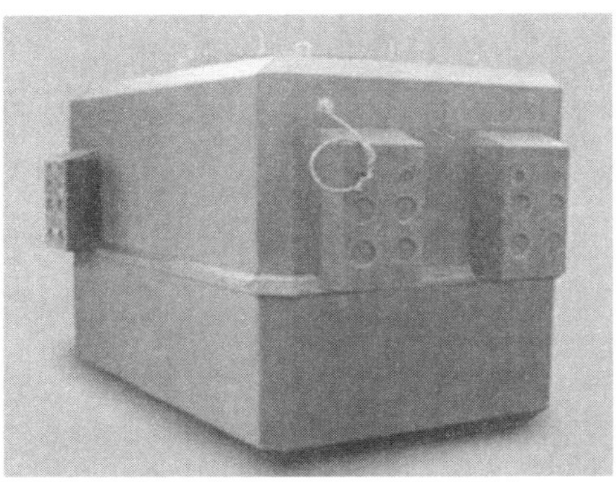

(a) 통신용 맨홀

(b) 맨홀 간편 시공

(c) 하수도용 맨홀

(d) 상수도용 맨홀

그림 3.88 **맨홀 적용 사례**

2) 전선 공동구 특수부(C.C.BOX : Compact Cable Box)

지상에 있는 전선류를 지중으로 설치하는 것은 안전하고 쾌적한 도로 공간의 확보, 도시 경관의 향상, 도시 재해 방지, 정보 네트워크의 신뢰성 향상 등을 위해 필요하다. 전선 공동구 특수부에 폴리머 콘크리트제 맨홀을 이용할 경우, 경량으로 치밀한 제작이 가능해지고, 납기가 단축되며, 현장에서 관로 경합 시 즉시대응이 가능하도록 임의의 개소에서 절단, 가공이 가능하게 되며, 총비용의 삭감 또한 가능해지므로 그 이용이 점차 증가하고 있다. 그림 3.89는 전선 공동구 특수부에 사용하는 실물 크기 모델의 폴리머 콘크리트제 맨홀 및 관로를 지상에 설치 전시하고 있는 전경을 나타낸 것이다[90].

그림 3.89 **전선 공동구 전시장 전경**

3) 관(파이프)

원심력에 의해 일체 성형한 폴리머 콘크리트제 흄관은 내식성, 내면 평활성 및 내마모성, 수밀성이 뛰어나고 고강도이므로, 그 특성을 살려 하수도 시설에 사용되고 있다. 또 내외면을 FRP로 하고 중간에 폴리머 모르타르를 샌드위치한 구조로 된 강화플라스틱 복합관은 경량으로, 내식성과 내면 평활성의 이점을 살려 연약지반이나 해변 등에 사용되고 있다. 그림 3.90은 폴리머 콘크리트제 흄관을[91], 그림 3.91은 강화플라스틱 복합관을 나타낸다[92].

그림 3.90 **폴리머 콘크리트제 흄관**

그림 3.91 **강화플라스틱 복합관**

4) 지하 수납고

주택의 지하에 매설되는 수납고로 폴리머 콘크리트제 프리캐스트 제품이 있다. 이 제품은 폴리머 콘크리트의 양호한 내식성에 의해 매설 토양의 영향을 받지 않고 사용할 수 있다. 주택의 지하에 설치하기 때문에 토지의 유효이용에 도움이 되고 외부 기온 변화의 영향을 적게 받아 저장고로 사용되고 있다. 그림 3.92는 폴리머 콘크리트제 지하 수납고를 나타낸다[93].

그림 3.92 **폴리머 콘크리트제 지하 수납고**

5) 화장재(化粧材)

광택, 투명성·색 등 천연석과 동등한 질감을 가지고, 경도나 충격성이 뛰어난 폴리머 콘크리트로 만든 인조 대리석은 욕조나 부엌 카운터에 이용되고 있어 향후 주택의 건물 안에서 물을 사용하는 곳에의 응용범위가 확대되리라 기대된다. 그림 3.93은 인조 대리석 욕조를 나타낸다[94].

그림 3.93 **인조 대리석 욕조**

6) 경관 재료

폴리머 콘크리트제 테라초와 인조 대리석은 풍부한 의장성과 석조(石調)의 외관을 살려 예로부터 경관 재료로 이용되어 왔다. 그림 3.94[95], 그림 3.95[90]와 같이 최근에는 폴리머 콘크리트에 태양전지나 발광 다이오드, 형광등 등을 설치한 경관 재료의 이용이 늘고 있다.

그림 3.94 **발광식 연석**

그림 3.95 **조명등 박스**

7) 외벽 재료

폴리머 함침 콘크리트 및 모르타르의 프리캐스트 제품이 일본에서 실용화된 예는 전력케이블용 다공관, 해중 레스토랑의 창틀, 외벽용 테라초 패널, 부관기초용 유닛, 방사능 폐기물관리 용기, 영구 거푸집 등이 있다. 미국에서는 기설 및 신설 콘크리트 구조물의 강도, 내마모성, 수밀성 등을 개선할 목적으로 현장 폴리머 함침 공법이 교량의 상판이나 고속도로의 포장, 댐 감세지의 저면 보수 등에 이용되어 왔지만, 용도가 확대되지 않고 있는 것이 현실이다. 그림 3.96, 그림 3.97은 폴리머 함침 콘크리트 판을 영구 거푸집으로 사용한 예를 나타낸다[96)~99)].

그림 3.96 **현수교 케이블 앵커의 화장 겸 영구 거푸집**

그림 3.97 **철도 터널의 2차 복공**

참/고/문/헌

1) 대한전문건설협회: 습식공사 미장단열, 1994.3.

2) 小俣一夫：左官材料製造業の基調と展望, 2003建築仕上年鑑, 工文社, pp.159-162, 2003.11.

3) 国土交通省大臣官房官庁営繕部監修：建築工事共通仕様書 平成13年版, 公共建築協会, 2001.3.

4) 日本建築学会編：建築工事標準仕様書・同解説 JASS 15 (左官工事), 丸善, 1998.1.

5) 日本建築仕上学会外部用軽量モルタル性能評価委員会：外部用軽量モルタルの性能評価試験および品質基準案), 日本建築仕上学会, 1998.3.

6) 삼성정밀화학 셀룰로스 홈페이지: http://www.samsung-cellulose.com.

7) 日本建築仕上材工業会規格 NSKS-007 (吹付け材), 1997.7.

8) 篠崎征夫：超軽量断熱モルタルを用いた外断熱工法の開発, 月刊建築仕上技術, Vol.28, No.328, pp.36-40, 2002.11.

9) 한일시멘트 레미탈 홈페이지: http://www.hanil.com.

10) 삼성정밀화학 셀룰로스 홈페이지: http://www.samsung-cellulose.com.

11) 日本建築仕上材工業会：日本建築仕上材工業会規格 [NSKS-011 (石材調仕上塗材)] (解説), 建築仕上技術, Vol.28, No.322, pp.48-56, 2002.5.

12) 菊水化学工業：ホームページ, http://www.waterplanet.ne.jp/special/saeki/index.html.

13) 井上照郷：塗り仕上げ材需要の現状と今後の課題, 建築仕上技術, Vol.29, No.330, pp.46-47, 2003.1.

14) 建築知識編集部：珪藻土製品リスト, 建築知識, No.565, pp.220-221, 2003.2.

15) 한일시멘트 레미탈 홈페이지: http://www.hanil.com.

16) 최낙운, 김윤나, 노영주, 타일시멘트 몰탈의 접착강도에 미치는 메틸셀룰로오스 치환도의 영향, 대한건축학회 춘계학술발표회 논문집 구조계, 31(1), 2011.

17) 최낙운, 김윤나, 노영주, 셀룰로오스에테르의 첨가량에 따른 타일시멘트 몰탈의 물성, 한국콘크리트학회 봄학술발표회 논문집, 2011.

18) 최낙운, 김성훈, 김은정, 타일시멘트 접착강도에 미치는 Substrate 종류의 영향, 한국콘크리트학회 봄학술발표회 논문집, 2010.

19) 최낙운, 드라이몰탈의 배합기술과 기능성 혼화제의 활용, 제 2회 건축재료 및 시공 학술세미나, 시멘트 콘크리트 과학 연구회, 2010.10.1.

20) Y. Ohama, K. Demura, W. Kim, Properties of polymer-modifed mortars using resispersible polymer powders, Proceedings of first east asia symposium on polymers in concrete, pp.81-90, 1994.

21) 주식회사 쌍곰 홈페이지: www.ssangkom.com.

22) 〈タイル外壁研究会〉東陶機器／タイルメント／清水建設／鐘淵化学工業：いつまでも美しく安全な外壁仕上げのために, p.5, 1999.

23) KS 규격(KSL 1592, KSL 1593), ISO 23007, Ceramic tile: Grout and adhesive.

24) 大濱嘉彦：ポリマーセメントモルタル技術資料, 情報開発, pp.45-47, 1988.

25) 日本特許2857471, 硬化性樹脂組成物, 1998.11.27.

26) 日本特許2536100, 樹脂組成物及びコンクリート組成物, 1996.7.8.

27) 삼성정밀화학 셀룰로스 홈페이지: http://www.samsung-cellulose.com.

28) 한일시멘트 레미탈 홈페이지: www.hanil.com.

29) イーテック：ＡＥコート資料.

30) 平田則夫：ポリマーセメント系塗膜防水の最新技術開発動向, 多様化する要求性能への対応と仕様, PROOF, Vol.15, No.180, p.35, 2001.5.

31) 納屋幸一：ポリマーセメント系塗膜防水の現状　共同住宅新築工事における建具廻りの防水工事例, 防水ジャーナル, No.370, p.93, 2002.9.

32) 東善　暉：ポリマーセメント系塗膜防水の最新技術開発動向, 鉄骨階段踏面・踊り場における改修施工, PROOF, Vol.15, No.180, p.25, 2001.5.

33) 阿知波政史：ポリマーセメント系塗膜防水の最新技術開発動向, 多機能防水材としての仕様と性能, PROOF, Vol.15, No.180, p.37, 2001.5.

34) 高田泉：ポリマーセメント系塗膜防水の最新技術開発動向, 密着・脱気絶縁工法の施工, PROOF, Vol.15, No.180, p.23, 2001.5.

35) 新井徹：ポリマーセメント系塗膜防水の最新技術開発動向, 地下貯水槽における施工, PROOF, Vol.15, No.180, p.27, 2001.5.

36) 甲木豊秀：ポリマーセメント系塗膜防水の最新技術開発動向, 高度浄水処理施設の内面防水施工, PROOF, Vol.15, No.180, p.31, 2001.5.

37) 山本高弘, 榊原弘幸：ポリマーセメント系塗膜防水の最新技術開発動向, 高速道路高架橋の補修・補強工事, PROOF, Vol.15, No.180, p.33, 2001.5.

38) 송승영, 열교로 인한 건물 에너지 손실 정도 및 단열규정 보완 필요성, 한국건축친환경설비학회 2009년 제도 및 기술발전 심포지움: 녹색 성장을 위한 건물 에너지 절약과 제도개선, 2009.07.

39) http://www.europa.eu.int/comm/enterprise.

40) http://www.cenorm.be/sectors/construction.htm.

41) http://www.eota.be.

42) http://www.euromortar.com.

43) 삼성정밀화학 셀룰로스 홈페이지 : http://www.samsung-cellulose.com.
44) 테라코코리아 홈페이지 : www.terraco.co.kr.
45) 下水道事業団：コンクリート防食指針(案), 下水道業務管理センター, 1997.6.
46) 下水道事業団：下水道コンクリート構造物の腐食抑制技術及び防食技術指針・同マニュアル, 下水道業務管理センター, 2002.12.
47) Kenworthy, T. : 100% Solids Polyurethane and Polyurea, Journal of Protective Coatings & Linings, Vol.20, pp.58-63, 2003.5.
48) Polymers-in-Concrete 委員会(Japan Chapter of ICPIC)塗布含浸材関係試験方法作成委員会：塗布含浸材に関する技術の現状及び施工指針(案), 1992.
49) 建築仕上年鑑, 工文社, pp.399-403, 2003.11.
50) 住友精化：アクアシールNEWS, No.25, 2002.3.
51) 建築仕上年鑑, 工文社, pp.167-170, 2003.11.
52) 大澤悟：打放しコンクリートの保護に関する技術動向, 建築仕上技術, Vol.26, No.312, pp.38-41, 2001.7.
53) トウペ：ニューガメットDC#700PCF工法カタログ.
54) 日本ペイント：水性シリコン浸透ガードカタログ.
55) タジマ：床仕上総合カタログ, 床下地表面強化材, p.330, 2002.
56) 菱晃：ドーロガード工法カタログ.
57) 建設省：建設省総合技術開発プロジェクト, コンクリートの耐久性向上技術の開発報告書(第一編および第二編), 建設省, 1988.11.
58) 日本コンクリート工学協会：コンクリート構造物の補修工法研究員会報告書(Ⅱ), 1994.10.
59) 日本コンクリート工学協会：コンクリート構造物の補修工法研究員会報告書(Ⅲ), 1996.10.
60) 日本コンクリート工学協会：コンクリート構造物のリハビリテーション研究委員会報告書, 1998.10.
61) 日本コンクリート工学協会：複合劣化コンクリート構造物の評価と維持管理計画研究委員会報告書, 2001.5.
62) 日本建築学会：鉄筋コンクリート造建築物の耐久性調査・診断および補修指針(案)・同解説, 丸善, 1997.1.
63) 国土交通省大臣官房官庁営繕部監修：建築改修工事監理指針(平成14年版) 上・下巻, 2003.1.
64) 桝田佳寛：構造物の高性能化を目指す21世紀のコンクリート技術, コンクリート工学, Vol.39 No.1, pp.11-16, 2001.1.
65) 平居孝之, 斉藤仁, 越川松宏：腐食抑制剤の塗布工法に関する研究—既設RC構造物に適用して5年間の浸透性確認結果―，第45回セメント技術大会講演集，pp.638-641，1991.4.
66) 伊部博，原謙治，越川松宏：コンクリート用塗布型浸透性防錆剤の防錆効果に関する実験，セメント 技術年報，No.40，pp.435-438，1986.12.
67) 松林裕二，桝田佳寛：断面修復材による鉄筋腐食補修工法の評価に関する実験，日本建築学会技術報告集，第13号，pp.33-38，2001.7.
68) 効果で選ぶ新技術(工期短縮，断面修復)，日経コンストラクション，pp.65-67，2002.9.27.
69) 星野富夫，魚本健人：ひび割れに樹脂注入したコンクリート梁の強度性状と耐久性に関する研究，コンクリート工学年次論文報告集，Vol.23，No.1，pp.451-456，2001.6.
70) 日本道路協会：舗装設計施工指針，pp.15-16，2003.8.
71) 日本道路協会：排水性舗装技術指針(案)，pp.8,10,12,47，2002.4.
72) 三菱化学産資：PRMS工法資料.
73) 国土交通省，山口事務所，宇部国道維持出張所：排水性舗装資料.
74) 佐藤道路：パーミアコン舗装資料.
75) 日本道路協会：舗装設計施工指針，pp.264,272，2003.8.
76) 日本鋪道：ポリシール舗装資料.
77) 東京都環境局総務部企画課：東京都のヒートアイランド対策，保水性舗装資料.
78) 石森正樹：光触媒セメントで自動車排ガスを処理－フォトロード工法， セメント・コンクリート，No.639，pp.18-23，2000.5.
79) 佐野久美子，金田由久，石森正樹：光触媒セメント(STコート)のNOX浄化機構，太平洋セメント研究報告，No.142，pp.63-70，2002.6.
80) 村田義彦，飛内圭之：光触媒を利用したセメント系材料のNOX除去性能測定方法に関する研究，日本建築学会構造系論文集，No.550，pp.1-6，2001.12.
81) 光触媒コンクリート工業会資料.
82) 日本鋪道：エコファイン舗装資料.
83) 日本鋪道：ゴムロールド舗装資料.
84) イーテック：トマックアース舗装資料.
85) 小柳洽， 林富士男：レジンコンクリートの利用の現状， コンクリート工学， Vol.31， No.4，pp.5-13，1993.4.
86) 小柳洽， 林富士男：レジンコンクリートの利用の現状， コンクリート工学， Vol.23， No.10，pp.26-33，1985.10.
87) 小柳洽：レジンコンクリート・ポリマー含浸コンクリートの利用， 材料， Vol.41， No.470，pp.1709-1716，1992.11.

88) 계림 폴리콘 홈페이지 : http://www.polycon.co.kr
89) 小柳卓治, 天野良三：人造大理石の進化, 強化プラスチックス, Vol.46, No.11, pp.36-40, 2000.11.
90) サソレック 홈페이지 : http://www.sunrec.co.jp
91) http://www.asoresicon.com
92) クボタ 홈페이지 : http://www.kubota.co.jp
93) 積水化学工業 홈페이지 : http://www.sekisui.co.jp
94) 昭和高分子 홈페이지 : http://www.shp.co.jp
95) KICTEC 홈페이지 : http://www.kictec.co.jp
96) マテラス青海工業 홈페이지 : http://www.materras.co.jp
97) 大浜嘉彦：プラスチックコンクリート, 工業材料, Vol.25, No.12, pp.10-18, 1977.12.
98) 長滝重義：最新コンクリート工事ハンドブック, 建設産業調査会, pp.391-401, 1996.3.
99) 鶴田健：プレキャスト製品の製造, 建築仕上技術, 工文社, Vol.27, No.317, pp.60-63, 2001.12.

제 4 장 유·무기 분말상 재료를 이용한 드라이믹스 모르타르

4.1 개요

건축비에서 차지하는 인건비 비중의 증가, 시공효율 및 품질 향상 요구, 환경부하 저감 요구 등에 의해 드라이믹스 모르타르 시장은 세계적으로 비약적인 성장을 거듭하고 있다. 이 장에서는 드라이믹스 모르타르의 세계시장 동향을 알아보고 타일 시멘트 모르타르를 축으로 한 드라이믹스 모르타르의 배합 개념을 개괄하였다. 그리고 최근에 이슈가 되고 있는 드라이믹스 모르타르 기술 개발의 새로운 동향을 소개한다.

4.1.1 드라이믹스 모르타르의 정의

드라이믹스 모르타르의 발원지인 독일의 규정에 따르면 "드라이믹스 모르타르"의 사전적 정의는 "결합재와 골재 그리고 첨가제를 집중된 생산시설에서 품질관리하여 혼합한 혼합물로, 건설현장에 건조상태로 운반되어 현장에서는 물만을 혼합하여 사용하는 재료"이다.

4.1.2 드라이믹스 모르타르의 역사

1950년 이전 대부분의 모르타르는 시멘트, 석고 등의 결합재와 모래를 현장에서 배합하여 사용하였다. 공장에서 재료들을 배합하는 드라이믹스 모르타르는 2차 세계대전 이후 1950년대에서 1960년대에 걸쳐 서유럽과 미국, 특히 독일을 중심으로 시작되었다. 당시 예상치 못한 재건축 붐이 일면서 이를 감당할 건설전문기술 인력이 부족하게 되었고, 이에 따른 급격한 인건비 상승이 초래되었다. 결과적으로 인건비는 건축비의 가장 중요한 부분을 차지하게 되었고 생산성 향상이 가장 중요한 문제가 되었으며, 이는 드라이믹스 모르타르 산업 등장의 배경이 되었다[1].

특히 1960년대의 화학적 혁신이라 할 수 있는 셀룰로오스 에테르와 분말수지의 등장은 드라이믹스 모르타르 기술의 비약적인 발전을 가져왔다. 1980년 이후에는 드라이믹스 모르타르가 유럽뿐만 아니라 전 세계적으로 확산되었으며, 이에 더해 1970년 및 1980년대에 고속 믹서기와 포장기가 설계된 자동식 드라이믹스 플랜트 및 간편한 현장시공 기계기술의 진보는 드라이믹스 모르타르의 성장을 뒷받침하는 큰 원동력이 되었다. 최근에는 인건비 절감뿐만 아니라 고품질, 친환경, 고내구성을 갖는 건설재료에 대한 고객의 요구 증가가 드라이믹스 모르타르의 또 다른 성장동력으로 작용하고 있다.

4.1.3 드라이믹스 모르타르의 이점

드라이믹스 모르타르를 사용함으로써 얻을 수 있는 이점은 다음과 같다.

(1) 고품질의 재료를 사용할 수 있으며 지속적인 품질관리가 가능하다.

(2) 현장배합 모르타르에 비해 원재료를 철저하게 계량하여 투입할 수 있어 배합편차 원인을 제거할 수 있다.

(3) 시공이 용이하고 현장배합자의 숙련도 및 정확도에 크게 의존하지 않아도 시공 안전성이 증가된다.

(4) 남은 모르타르는 쉽게 다른 현장에서 사용할 수 있어 비용절감 및 폐기물 저감이 가능하다.

(5) 현장에서 공기단축과 비용절감이 가능하다.

이 외에도 복잡한 배합을 갖는 특수 목적의 엔지니어링 모르타르를 쉽게 설계하고 적용할 수 있다는 장점이 있다.

4.1.4 최근 시장 동향

드라이믹스 모르타르의 전 세계 수요는 조사기관에 따라 차이가 있으나 2007년 기준 약 10억 kN 정도로 추정되며, 지역별 생산비율은 그림 4.3과 같다. 그림 4.4와 같이 전체 수요의 절반 이상이 유럽이며 아시아와 미주시장이 그 뒤를 잇고 있다.

그림 4.1 **현장배합 모르타르 시공 현장**

그림 4.2 **드라이믹스 모르타르 시공 현장**

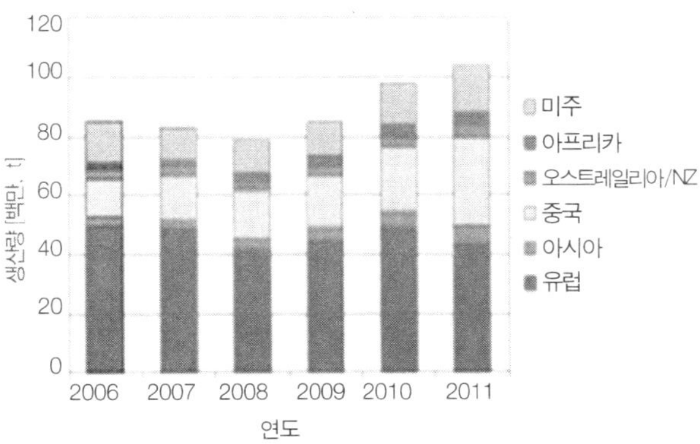

그림 4.3 **지역별 드라이믹스 모르타르 성장 추이**

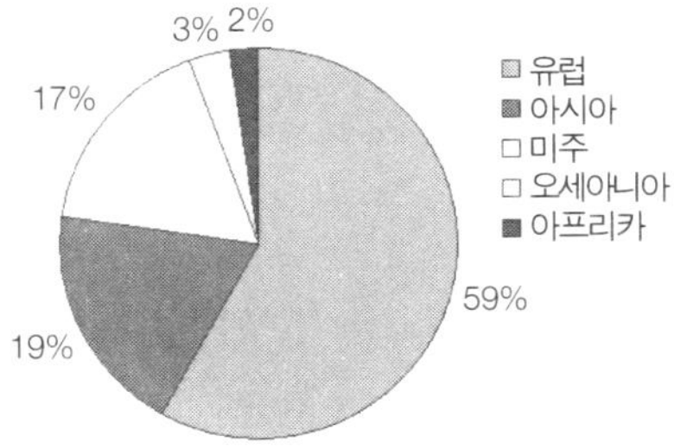

그림 4.4 **드라이믹스 모르타르의 지역별 생산 비율**

4.2 드라이믹스 모르타르의 배합 기술

드라이믹스 모르타르의 구성 재료는 크게 결합재, 골재 그리고 혼화제로 구분할 수 있으며 대표적인 구성 재료는 표 4.1과 같다. 다양한 종류의 드라이믹스 모르타르가 3대 구성 재료의 조합을 통해 제조되는데, 조적 모르타르나 바닥 모르타르와 같이 매우 단순한 조합을 갖는 범용 모르타르가 있는가 하면, 자기수평 모르타르, 고급형 타일 시멘트 모르타르, 방수 모르타르 등과 같이 혼합재료가 20가지에 이를 정도로 매우 복잡한 조합을 갖는 특수 모르타르도 있다. 표 4.2에는 중요한 드라이믹스 모르타르의 종류를 나타내었다.

드라이믹스 모르타르의 배합은 모르타르가 사용되는 용도에 따른 요구 물성에 맞추어 설계되는데, 표 4.3~표 4.5에는 주요한 용도별 기본배합을 나타내었다[2)].

표 4.1 **드라이믹스 모르타르의 구성 재료**

	구성 재료
결합재	시멘트, 석고, 소석회, 분말수지
골재	규사, 석회석, 돌로마이트, 칼사이트, 마블, 마이카, 펄라이트, 버미큘라이트, 발포유리, 발포클레이, 경석
혼화제	셀룰로오스 에테르, 공기연행제, 촉진제, 지연제, 발수제, 유동화제, 섬유, 소포제

표 4.2 **드라이믹스 모르타르의 종류**

<table>
<tr><td rowspan="11">시멘트계</td><td rowspan="3">타일 시멘트</td><td>보급형(低價形)</td></tr>
<tr><td>표준형(C1)</td></tr>
<tr><td>고성능형(C2)</td></tr>
<tr><td colspan="2">타일 그라우트</td></tr>
<tr><td rowspan="3">시멘트 미장 · 플라스터</td><td>시멘트 플라스터</td></tr>
<tr><td>스킴코트</td></tr>
<tr><td>모노카파 · 모노코치</td></tr>
<tr><td colspan="2">하지조정 모르타르</td></tr>
<tr><td colspan="2">자기수평 모르타르</td></tr>
<tr><td colspan="2">조적 모르타르</td></tr>
<tr><td colspan="2">외단열시스템(ETICS/EIFS)용 모르타르</td></tr>
<tr><td rowspan="5">석고계</td><td rowspan="3">석고 플라스터</td><td>기계뿜칠용 석고 플라스터(GMP)</td></tr>
<tr><td>석고 핸드 플라스터(GHP)</td></tr>
<tr><td>석고 마감 플라스터(GFP)</td></tr>
<tr><td colspan="2">석고 조인트 필러</td></tr>
<tr><td colspan="2">석고 접착재(석고본드)</td></tr>
</table>

표 4.3 **타일 시멘트 모르타르의 기본배합**

구성 재료	표준형 (wt.%)	고성능형 (wt.%)
포틀랜드 시멘트	30~40	35~45
분말수지	0~3.0	3.5~6
소석회	0~2	0~2
탄산칼슘 분말<0.1mm	0~10	0~10
규사(0~0.4mm)	45~60	40~60
촉진제	0~0.7	0~0.7
셀룰로오스섬유	0-0.5	0~0.5
셀룰로오스 에테르	0.3~0.5	0.4~0.6

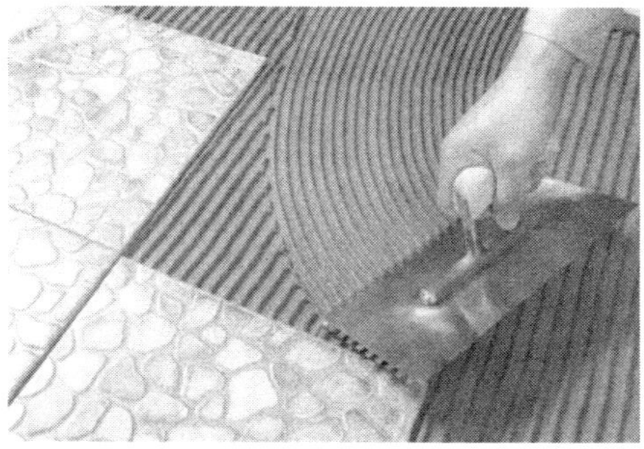

표 4.4 **시멘트 플라스터 기본배합**

구성 재료	시멘트-석회계 (wt.%)
시멘트	10~15
소석회	4~8
탄산칼슘 골재(0.1-1.2mm)	60~80
탄산칼슘 분말(<0.1mm)	5~10
공기연행제	0.015~0.03
발수제	0.1~0.2
셀룰로오스 에테르	0.08~0.15

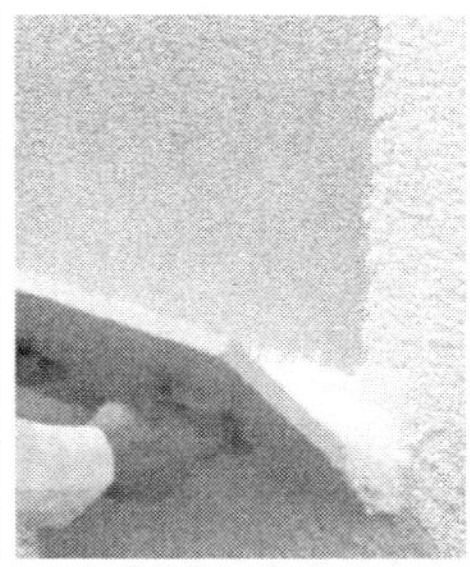

표 4.5 **석고 플라스터 기본배합**

구성 재료	기계뿜칠용 (GMP) (wt.%)	흙손바름용 (GHP) (wt.%)	최종마감용 (GFP) (wt.%)
석고<100μm	40~60	74~95	70~100
소석회<100μm	1~5	0.5~5.0	0~2
탄산칼슘 분말<100μm	5~30		0~30
탄산칼슘 골재 또는 규사(0.1~1.0mm)	30~50	5~25	
펄라이트<1.0mm	0~3	5~10	0~3
지연제	0.02~0.20	0.02~0.20	0.02~0.20
공기연행제	0.01~0.03	0.01~0.03	0~0.02
변성전분	0.01~0.10	0~0.10	0~0.01
셀룰로오스 에테르	0.15~0.30	0.1~0.20	0.30~0.70

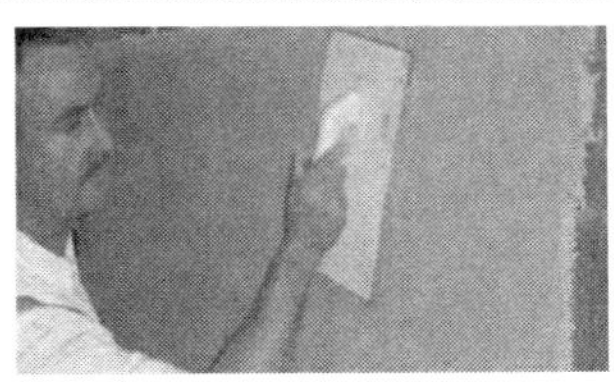

여기서는 드라이믹스 모르타르의 대표적인 제품인 타일 시멘트 모르타르에 요구되는 주요 물성과 이에 따른 모르타르의 설계 개념을 예로 들어 드라이믹스 모르타르의 배합 기술에 대해 살펴보고자 한다.

수십 mm 두께의 두꺼운 모르타르 바름으로 타일을 붙이던 예전의 두꺼운 바름 공법과 달리 요철 쇠손을 이용한 수mm 두께의 얇은 모르타르 바름으로 타일을 압착시켜 부착하는 얇은 바름 공법이 세계적으로 일반화되는 추세에 있다. 얇은 바름에서도 충분히 시멘트가 수화할 수 있도록 해주는 보수제인 셀룰로오스 에테르(CE)와 접착강도 및 유연성을 보강해주는 재유화형 분말수지의 등장으로 진정한 얇은 바름 시공이 가능해졌다고 할 수 있는데, 향후 얇은 바름 공법은 더욱더 확대 보급될 것으로 사료된다. 얇은 바름 공법에서 타일 시멘트 모르타르에 요구되는 중요한 물성과 이에 미치는 구성 재료들의 영향을 아래에 기술하였다.

1) 부착가능시간

부착가능시간은 타일의 시공효율과 직결되는 성능이기 때문에 시공업자들이 가장 요구하는 물성이다. 그림 4.5는 타일 시멘트이며, 그림 4.6은 타일 시멘트의 빠른 부착가능시간 실험이다. 부착가능시간에 영향을 미치는 주요한 외부 인자는 접착하지의 모세관장력과 침투성, 주변 공기의 온도와 습도, 기류 등이다. 특히 바람의 경우는 매우 큰 영향을 미치는데, 밀폐공간에서 60분의 부착가능시간을 갖는 제품이 개방된 공간에서 작업을 할 경우는 10분 정도로 떨어지는 것을 경험하기도 한다.

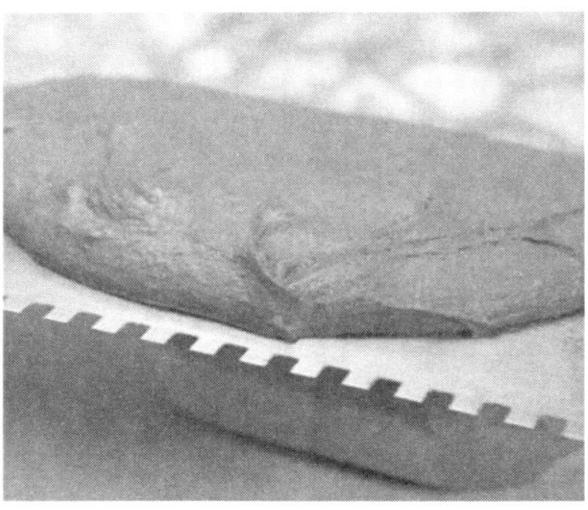

그림 4.5 **타일 시멘트 모르타르**

그림 4.6 **타일 시멘트 빠른 부착가능시간 실험**

타일 시멘트 모르타르의 부착가능시간이 줄어드는 원인은 크게 두 가지로 나눌 수 있다.

(1) 모르타르 자체의 강성 증가

하지의 흡수, 시멘트 입자의 흡수, 모르타르 표면의 건조 등에 의한 물의 드라이아웃, 그리고 시멘트의 수화반응에 의해 모르타르가 점점 유동성을 잃고 딱딱해지게 된다. 이로 인해 모르타르는 압착에 대한 변형능력과 타일의 젖음능력을 상실하게 된다. 보수성이 매우 중요한 요소라고 할 수 있으며, 이는 주요하게 CE양과 종류의 선택에 의해 개선될 수 있다.

(2) 모르타르 표면의 피막 형성

시간경과에 따라 모르타르의 표면에 딱딱한 가죽이 형성되는 것을 말하는데, 이는 물이 드라이아웃되면서 생기는 현상이기도 하지만 구성 재료 중의 분말수지나 CE와 같은 유기성 폴리머에 의한 필름 형성 및 시멘트 수화물의 집적(소석회의 탄산화 반응)에 의해서도 일어난다. 그림 4.7은 타일 시멘트 모르타르의 피막 정도에 따른 부착가능시간의 차이를 보여준다.

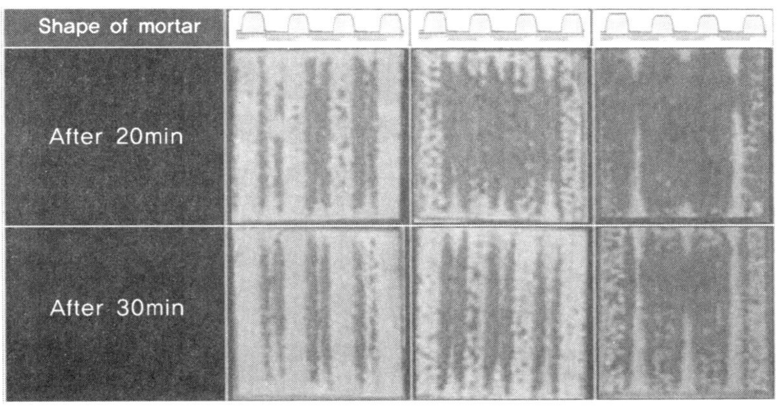

그림 4.7 **타일 시멘트 모르타르의 피막과 부착가능시간**

모르타르 표면이 드라이아웃됨에 따라 모르타르 내부의 수분은 모세관 공극을 따라 표면으로 이동하게 되는데, 이때 시멘트 이온이나 수화물인 수산화칼슘, PVA나 CE와 같은 수용성 폴리머류 등도 함께 표면으로 이동하여 표면에 집적된다. 이로 인해 모르타르 내부는 아직 촉촉하게 물을 지니고 있는데도 불구하고 피막이 일어나는 경우도 많은데, 특히 고점도의 CE를 사용하는 경우 강고한 피막이 형성되는 경우가 많다. 따라서 피막을 줄이는 데 있어 너무 고점도의 CE는 바람직하지 않으며 중·저점도 CE를 이용하는 것이 바람직하다.

위의 두 가지 원리에 주목하여 부착가능시간에 미치는 구성 재료의 영향을 살펴보면 아래와 같다.

(a) 시멘트의 양 : 적을수록 부착가능시간이 길다.
(b) 시멘트 비표면적 : 작을수록 부착가능시간이 길다.
(c) 골재의 입도 : 굵은 입도일수록 부착가능시간이 길다.
(d) 물 요구량 : 높을수록 부착가능시간이 길다.
(e) 셀룰로오스 에테르 첨가량 : 첨가량이 많을수록 부착가능시간이 길다.
(f) 셀룰로오스 에테르의 점도 : 첨가량에 따라 다르며, 0.2% 이하의 첨가량일 경우는 고점도일수록, 0.4% 이상의 첨가량일 경우는 저점도일수록 부착가능시간이 길다. 동일한 보수성이 전제된다면 고점도 CE를 적게 사용하는 것보다 중·저점도 CE를 많이 사용하는 편이 부착가능시간이 길다.
(g) 셀룰로오스 에테르 치환도 : 시멘트 입자에 흡착량이 많은 치환도 제품일수록 부착가능시간이 길다. 단, CE의 혼입 여부와 첨가량에 따라 달라질 수 있다.
(h) 기타 첨가제 : 셀룰로오스섬유, 변성전분, 유동화제, 촉진제, 지연제 등도 영향을 미칠 수 있다.

유의해야 할 것은 타일에 묻어 나오는 모르타르의 면적이 크다고 하여 꼭 접착강도가 높게 나오는 것은 아니라는 것이다. 예를 들어, 지연제를 사용하여 부착가능시간을 연장할 경우 시멘트의 수화반응 지연으로 인해 실제 접착강도는 오히려 낮아지는 결과를 초래하기도 한다. 또한 시멘트의 양을 줄이는 것도 강도의 관점에서는 바람직하지 않다고 볼 수 있다. 그래서 국제규격인 ISO 13007에서는 부착가능시간을 면적법이 아닌 접착강도로 규정하고 있다.

2) 보정 시간

타일 접착 후에 접착 모르타르의 부족한 처짐 저항성으로 인해 타일 위치가 틀어졌을 경우 타일줄눈의 직교성을 위해 타일의 위치를 교정할 수 있는 최대 시간을 말한다. 모르타르 내부에 존재하는 잉여수가 모세관을 통해 하지로 드라이아웃됨에 따라 모르타르는 윤활성을 소실하기 때문에 시멘트의 응결이 일어나기 전에도 교정이 불가능하게 되므로 충분한 보수성을 확보할 필요가 있다. 따라서 셀룰로오스 에테르와 같은 보수제의 함량을 늘리거나 고점도의 보수제 사용을 통한 보수성 향상이 보정시간을 연장하는 수단이 될 수 있다.

3) 슬립 저항성

모르타르가 굳기 전에 타일이 시공한 벽면에서 중력으로 인해 흘러내리는 것을 말한다. 최근에는 장식성 등을 목적으로 1m×1m에 이르는 대형 타일이 시공되는 경우도 빈번하다. 고중량의 타일을 별도의 고정장치 없이 시공할 수 있는 높은 슬립 저항성을 갖춘 타일 시멘트 모르타르가 요구되고 있다. 슬립 저항성을 개선하기 위해 과거에는 석면이 사용되기도 하였으나 환경문제로 사용이 금지되면서 셀룰로오스섬유와 같은 대체 섬유나 벤토나이트, 변성전분이 사용되기도 한다.

그러나 가장 효과적인 슬립 저항성 개선 방법은 CE를 혼입하여 사용하는 것이다. 슬립 저항성은 항복응력이 높을수록 슬립 저항성이 증가하게 된다. 단순히 고점도 CE를 사용한다거나 CE의 첨가량을 늘려 모르타르의 점성을 높인다고 해서 항복응력이 개선되지 않는다. 순수 CE제품의 경우 고점도 CE의 사용은 슬립속도를 지연시킬 뿐이며, 과량 첨가 시 모르타르 내 고체-액체-고체 간의 윤활성을 증가시켜 오히려 슬립 저항성의 저하를 초래하기도 한다. 따라서 적절한 슬립 저항성을 확보하기 위해서는 항복 응력을 개선할 수 있는 CE를 혼입하여 사용하는 것이 필요하다. 그림 4.8은 항복응력과 슬립 저항성의 관계를 나타낸 것이다.

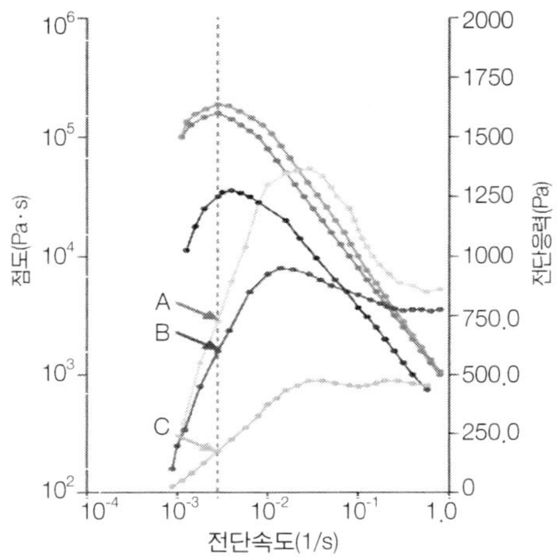

Code	A	B	C
모르타르 점도(*kcps)	521	531	560
항복응력(Pa)	716	528	191
슬립(mm)	0.28	0.6	1.2

그림 4.8 **타일 시멘트 모르타르의 항복응력과 슬립 저항성**

4) 급속 경화

긴급을 요하는 공사의 경우 공기단축을 위해 타일시공 후의 보행가능시간이 매우 중요하다. ISO 13007에는 24시간 후의 인장접착강도가 1.0MPa 이상이 나오는 제품을 C2F로 분류하여 성능규정을 하고 있는데, 이를 위해서 일반적으로 보통 포틀랜드 시멘트-칼슘알루미나 시멘트-석고의 3성분계 결합재에 촉진제, 지연제를 병용한 배합설계가 일반적으로 채용되고 있다. 그림 4.9는 급속 경화를 위해 일반적으로 사용되고 있는 OPC-CAC-CS 3성분계 결합재의 조성비를 나타낸다.

그러나 24시간 강도 증진을 위한 3성분계 시스템에서 뿐만이 아니라 보통 포틀랜드 시멘트만을 단독으로 사용한 일반 타일 시멘트 모르타르에서도 급속 경화는 매우 중요한 사안이다. 계속되는 드라이아웃 조건에서 수화반응이 가능한 빠르게 일어나야만 시멘트의 수화율을 높일 수 있기 때문이다. 이 경우 보통은 수화반응 촉진제인 개미산 칼슘이 일반적으로 사용되는데 부착가능시간을 해치지 않는 촉진제의 선택이 중요하다고 하겠다.

한편 분말수지나 CE와 같은 유기계 첨가제가 다량으로 사용되는 고급형 타일 시멘트의 경우 유기물들의 시멘트 입자 흡착에 의한 수화 지연이 강하게 일어나므로 시멘트의 수화 지연이 적은 고치환도의 CE가 바람직하다. 그림 4.10은 CE의 치환도(DS)와 첨가량이 시멘트 모르타르의 수화반응에 미치는 영향을 나타낸다. 낮은 치환도, 높은 첨가량일수록 시멘트의 수화반응은 더 지연된다.

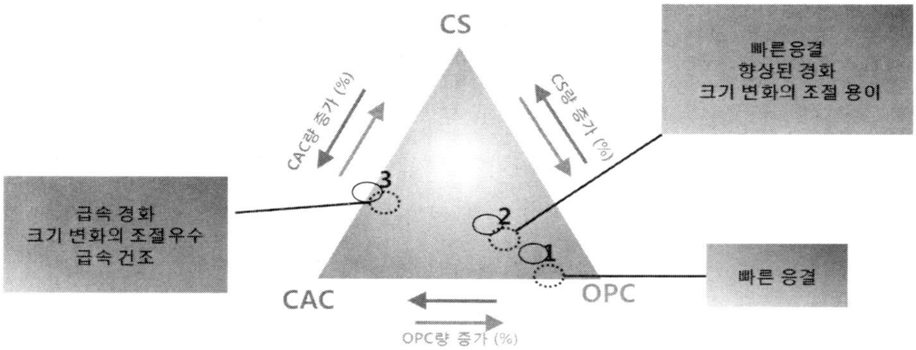

그림 4.9 **OPC-CAC-CS계의 3성분계 결합재**

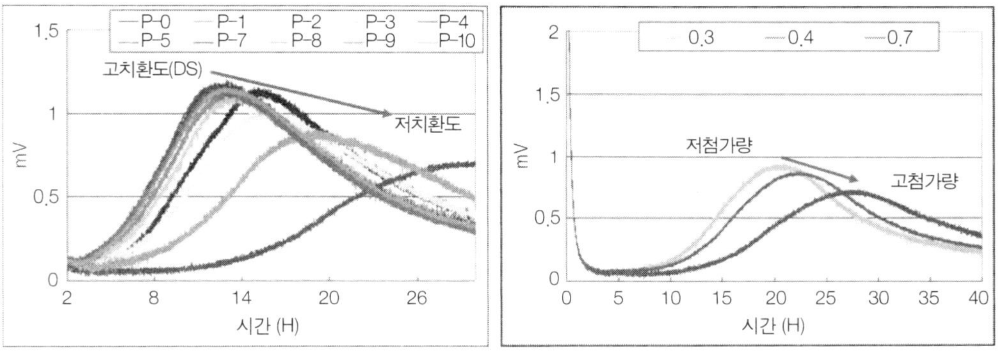

그림 4.10 **CE의 종류 및 첨가량에 따른 수화 지연, 수화열 시험기**

5) 접착강도

시멘트계 결합재에 의한 접착재류의 접착강도는 그림 4.11과 같이 모르타르와 접착 부재와의 앵커 작용에 의한 물리적인 접착에 크게 의존한다. 그러나 최근에는 흡수율이 15%에 달하는 전통적 방식의 다공성 도기질 타일이 아닌 흡수율이 0.2%도 안되는 자기질 타일의 사용량이 점차 늘고 있는 추세이다. 이런 경우 시멘트계 결합재만으로는 충분한 접착력을 확보할 수 없기 때문에 재유화형 분말수지와 같은 유기계 결합재를 병용한 폴리머 시멘트 모르타르가 채용되고 있다. 특히 ISO 13007에서 규정하고 있는 4종 양생조건 가운데 2주 가열양생(70℃) 후의 접착강도 1.0MPa 이상을 기대하기 위해서는 그림 4.12와 같이 재유화형 분말수지의 채용이 필수적이라 볼 수 있다.

타일 시멘트의 경우 모르타르에 투입되는 물량은 약 80%(W/C) 가량으로 보통의 시멘트 모르타르나 콘크리트와 비교할 때 매우 높다. 그러나 접착 모르타르의 두께가

2~3mm 정도인 박도형 타일 시멘트 모르타르는 급격한 드라이아웃 현상으로 인해서 투입 물량의 80% 이상이 드라이아웃되는 데 걸리는 시간은 채 하루가 걸리지 않으며, 이 때문에 시멘트의 평균적인 수화율은 30%도 되지 않는다는 보고도 있다.

따라서 타일 시멘트 모르타르의 접착강도를 높이기 위해서는 모르타르의 보수성을 높이고 초기 재령에서 시멘트의 수화율을 높여야 하는데, 시멘트의 수화 지연이 작고 보수성이 높은 CE의 선택이나 수화 촉진제류의 채용이 유리하다고 하겠다.

위의 항목 외에도 타일 시멘트 모르타르에 요구되는 물성들은 많다. 시공 가능 면적을 늘리기 위한 일환으로 물 요구량이 높은 "High water demand", 작업자 실수로 인한 혼합물량의 변화에도 컨시스턴시 변화가 적은 "Low water sensitivity", 반복되는 믹싱에도 처짐 저항성이 저하되지 않는 "전단 안전성", 기계가 아닌 손으로 믹싱할 경우에 필요한 "Easy mixing" 등 작업자들의 여건을 반영하여 요청되는 물성들이다.

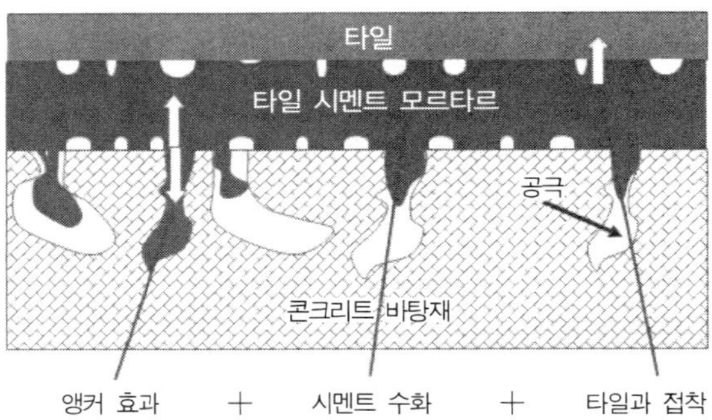

그림 4.11 **타일 시멘트 모르타르의 접착강도 발현 기구**

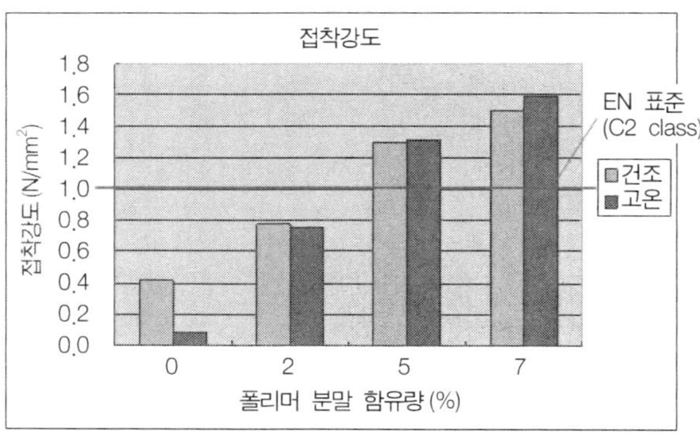

그림 4.12 **분말수지 함량에 따른 접착강도 발현**

6) 타일 시멘트 모르타르의 기초 설계 개념과 CE의 선택

표 4.6에는 타일 시멘트 모르타르의 요구 물성에 기초하여 일반적으로 채용되는 모르타르 성능등급별 기초 설계 개념과 이에 따른 CE의 선택 방법을 나타내었다[2)].

표 4.6 **타일 시멘트 모르타르의 기초적인 배합설계 개념과 셀룰로오스 에테르의 선택**

구분		보급형(C0 class)	표준형(C1 class)	고성능형(C2 class)
		(低價形)	(ISO 13007)	(ISO 13007)
시멘트 함량		25~30%	30~35%	35~40%
시멘트 종류		(32.5/42.5)	(42.5/52.5)	(42.5/52.5)
분말수지		0%	1~3%	3~6%
셀룰로오스섬유		0%	0~0.3%	0~0.5%
촉진제(개미산)		0%	0~0.8%	0~0.8%
셀룰로오스 에테르		0.2~0.3	0.3~0.45	0.45~0.6
셀룰로오스 에테르에 요구되는 성능		- 보수성 - 간이 부착가능시간 (wetting capability)	- 보수성 - 증점성 - 부착가능시간 - 처짐 저항성 - 접착강도	- 증점성 - 부착가능시간 - 처짐 저항성 - 접착강도 - 적은 수화 지연
메셀로스 추천 규격		PMC-50U	FMC-22508	FMC-21009
		EMA-70U	FMC-23007	FMC-21010
		FMC-23701	FMC-23502	FMC-21012
		FMC-25002	FMC-24502	FMC-21016
		FMC-26002	FMC-24503	FMC-21017
셀룰로오스 에테르의 특성	케미컬 종류 (치환도)	HEMC, HPMC (Low-Normal)	HEMC, HPMC (Normal)	HEMC, HPMC (High)
	개질 정도	Low or no mod.	Midium mod.	High mod.
	점도(2%)	고점도	중점도	저점도
		30,000cps ↑	15,000~30,000cps	3,000~15,000cps
	물 요구량	저	중	고
		22~26%	23~27%	28~36%

4.3 최근의 이슈와 개발 동향

드라이믹스 모르타르 산업의 개발 트렌드를 요약하면 아래와 같이 효율 향상, 세계화, 친환경이라고 말할 수 있다.

4.3.1 효율 향상

1) 공기단축–기계화 시공

드라이믹스 모르타르 산업 자체가 건축기술의 건식화, 기계화를 통한 효율 향상의 대표적인 예라고 할 수 있다. 다양한 용도, 다양한 배합의 드라이믹스 모르타르가 개발됨에 따라 이를 뒷받침할 수 있는 기계화, 자동화 시스템의 개발도 함께 발전해 왔으며 현재도 기술적 진보가 이루어지고 있다.

그림 4.13 **드라이믹스 플랜트**

시멘트, 경량골재, 섬유에 이르기까지 다양한 비중과 입형을 가진 원재료들을 빠른 속도로 균질하게 혼합하는 블렌더, 보다 빠르고 청소가 간단한 자동식 백 포장기, 안전하고 간편한 스트레치 후드식 자동적재장치(참조, SEADMA 2006) 등의 드라이믹스 플랜트용 설비들이 개발되고 있으며, 30kN이 넘는 드라이믹스 모르타르를 공장에서 현장까지 운반하는 대형 사일로 트럭, 모르타르와 물을 연속적으로 교반하는 연속식 믹서와 펌핑기계(참조, SEADMA 2008) 등의 시공기계 분야에서도 기술적 발전을 거듭하고 있다.

2) 외부 단열 복합시스템(Exterior Thermal Insulation Composite System : ETICS) 시공에 의한 에너지 절약

ETICS(또는 EIFS)는 1960년대에 유럽에서 처음 개발되었는데 드라이믹스 모르타르의 큰 시장이기도 하다. ETICS는 뛰어난 단열효과를 제공하기 때문에 덥고 추운 기후 지역의 건물에 적용하면 냉·난방에너지 효율을 크게 높일 수 있어 유럽과 미국에서 활발하게 채용되어 왔다. 특히 독일의 경우 2001년 이후 연방법에서 소위 "에너지 절감 법령(EnEV)"을 공표하면서 모든 신규 빌딩들에 에너지 절감 규정이 적용되었는데, 이로 인해 ETICS 시공이 일반화되었다. EnEV는 2009년에 개정되어 그 규정이 더욱 강화되었는데, 신규 빌딩에 요구되는 에너지 소비량이 2007년 규정에 비해 30%가 낮아졌다. 현재 ETICS는 동구 유럽을 비롯한 중국 등지에서도 정부의 정책적인 도입을 통해 에너지 절감을 꾀하고 있으며, 우리나라에서도 일부 저층건물들을 대상으로 시공이 이루어지고 있다.

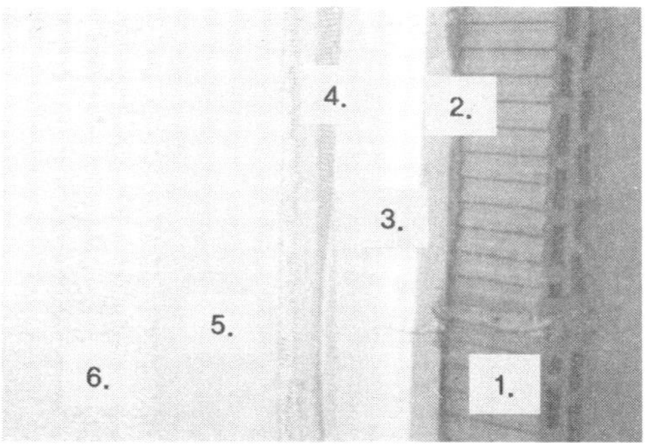

1. 벽, 2. 접착제, 3. 단열재, 4. 보강 메쉬와 보강 모르타르(밑칠)
5. 마감 모르타르, 6. 마무리 도장

그림 4.14 **ETICS의 구조**

그림 4.15 **벽에서 전도된 ETICS**

한편 ETICS는 시공 후 여러 가지 하자를 발생시키는 문제를 안고 있다. 미국 동부에서는 1985년 당시 시공 후 8년 안에 몇 년이 지나지 않아 50%에 가까운 건물이 보수가 이루어져야 할 정도로 심각한 문제가 야기되었다. 대부분의 하자 원인은 EPS와 벽체 사이에서 빗물의 침투에 의해 이루어지는데, 특히 강우량이 많은 고온다습지역에서 하자 발생이 많은 이유이다. 빗물침투 후 드라이아웃 능력이 낮을 경우 벽의 안쪽에 수분장막이 형성되어 개미, 곰팡이, 균류가 서식하는 문제를 야기하며, 종국적으로는 EPS가 벽체로부터 탈락되어 그림 4.15와 같이 전도되기도 한다.

물론 ETICS 자체 구성 재료의 성능 불량이 하자 발생의 원인이 되기도 하지만 ETICS 벽체 자체는 누수에 대한 큰 결함을 가지고 있지 않다. 대부분의 수분 침투에 의한 하자 발생이 창문 밑, 지붕 밑과 벽체의 접합부, 벽체의 지면부에서 일어나는 것으로 볼 때, 이러한 수분 침투의 원인은 대부분 잘못된 배수 설계 및 불량 시공에서 비롯되는 경우가 많다. 이러한 문제를 해결하기 위해서는 설계, 시공, 유지관리에 대한 통합적인 책임관리가 필요하다.

장기적인 그린 홈 정책을 공포하여 추진 중에 있다. 그러나 ETICS는 이러한 에너지 절감 대책의 매우 효과적인 대안이 될 수 있음에도 불구하고 상기와 같은 하자 발생 문제, 하자가 발생할 경우 책임소재의 불명확성 등으로 인해 적극적인 채용이 이루어지지 못하고 있는 실정이다.

ETICS의 적극적인 채용을 위해서는 시스템 자체의 성능 향상을 위한 기술 개발과 더불어 이 시스템에 대한 성능 및 평가 규정의 도입·신설, 품질평가기관의 설립 및 적절한 인증절차 확립이 필요하며, 아울러 책임있고 정확한 시공을 위한 시공기술자 교육 양성 프로그램 및 인증제도 도입, 정부의 대국민 홍보 및 지원 대책 마련 등이 뒤따라야 할 것으로 사료된다.

4.3.2 세계화

1) ISO의 보급 확산

드라이믹스 모르타르는 주 용도, 시공 방법, 평가법 등이 각국의 기후 특성, 건축양식, 재료 자원 및 경제 규모 등에 따라서 조금씩 다르며 통용되는 용어 또한 차이가 있다.

평가법의 예를 들면, 타일 시멘트 모르타르의 경우 ISO 13007을 표방하는 유럽의 경우에는 인발접착 시험으로 접착강도를 평가하는 반면, 합판을 하지로 많이 사용하는 미국의 경우는 전단접착강도로 접착강도를 평가하고 있다. 미국의 ANSI 규정을 모태로 도입한 한국의 경우도 전단접착강도로 접착강도를 평가하고 있다.

또한 유럽의 경우, 동결융해 저항성을 평가 항목으로 두고 있는 반면 남미와 아프리카 등에서는 필요성이 없어 동결융해 저항성 평가 항목이 없다.

위와 같은 이유로 드라이믹스 모르타르의 평가법이나 성능규정을 국제 공통으로 일괄하여 제정하는 것은 쉽지 않아 보인다. 그러나 드라이믹스 모르타르 관련 산업도 국제무역이 활발해지면서 관련 규정들을 국제 표준화하고자 하는 활동들은 꾸준히 이루어지고 있다.

특히 타일 시멘트 모르타르의 경우 요철 쇠손을 이용한 박도 모르타르 시공이 세계적으로 일반화되면서 국제 규격인 ISO 13007이 빠르게 확산되어 가고 있다. 유럽뿐 아니라 러시아, 터키, 남미, 중동은 물론이고 아시아의 중국, 싱가포르, 말레이시아 등에서도 ISO 13007을 전면적으로 도입하거나 부분적 수정을 통해 도입이 이루어진 상황이며, 향후 ISO 13007은 미국을 포함한 전 세계 국가에 적용될 것으로 판단된다. 국내에서도 정부의 국제규준부합화 정책에 힘입어 2011년 KS ISO 13007이 제정되기에 이르렀다.

2) 생산업체의 세계화, 대형화

드라이믹스 모르타르 생산업체 또는 원료공급업체 사이의 활발한 M&A가 국경을 넘어 이루어지면서 각 지역에 생산공장을 둔 글로벌 대형 업체가 생겨나고 있다. 이들은 선진 기술력과 브랜드 파워를 가지고 시장을 선도하고 있으며, 드라이믹스 모르타르 기술을 전파하고 세계화하는 역할을 하고 있다.

4.3.3 친환경

인간의 삶의 질을 높일 수 있는 자연친화적인 건축 재료에 대한 소비자들의 요구가 높아지면서 다양한 기술을 접목시킨 혁신적인 제품들이 개발되고 있다. 그 예를 몇 가지 소개한다.

1) 분진 저감 및 무분진 모르타르

현장에서 미분말의 드라이믹스 모르타르를 물에 투입하고 혼합하는 과정에서 상당량의 분진이 발생하게 된다. 이것은 사람의 호흡기로 흡입되거나 피부나 머리에 달라붙기도 하는데, 분진은 다량의 알칼리 시멘트를 포함하고 있어 노출되는 작업자의 피부 자극이나 알레르기를 일으키는 등 건강을 해치게 된다. 특히 리모델링 작업의 경우 한 곳은 작업 중이나 다른 곳은 여전히 사용 중인 경우가 많아 비산먼지는 큰 문제가 된다.

독일의 Henkel社에서는 모르타르의 비산먼지 문제를 해결한 "분진 저감 모르타르(dust reduced mortar)"를 개발하여 시판 중에 있다. 특수한 광물성 오일을 과립제

(granulating additive)로 이용하여 드라이믹스 모르타르 분말을 응집시켜 과립 제품으로 만드는 기술이다(참조 IDMMC 2009). 그림 4.16과 그림 4.17은 일반 타일 시멘트 모르타르와 과립처리된 타일 시멘트 모르타르의 형상을 나타낸다. "분진 저감 모르타르"는 여러 가지 장점을 평가받아 현재는 다른 회사들에서도 유사한 제품을 생산하고 있다[3].

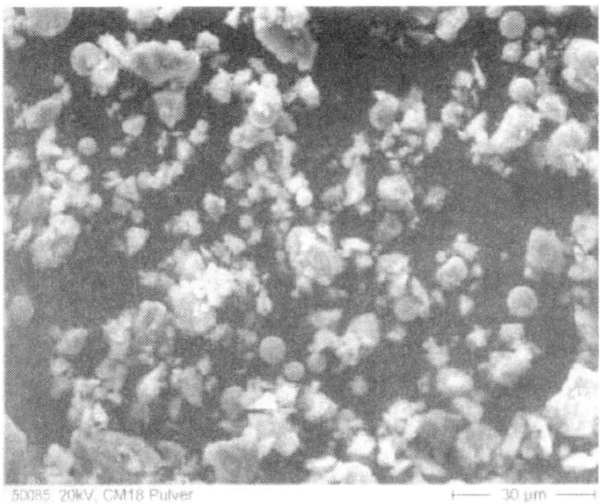

그림 4.16 **보통 타일 시멘트 모르타르**

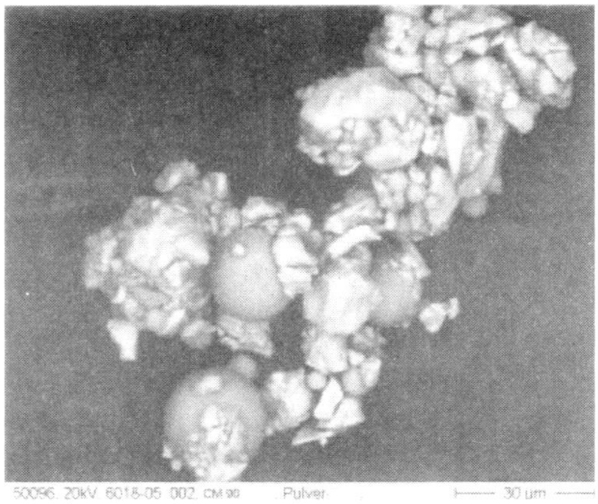

그림 4.17 **분진저감 처리된 타일 시멘트 모르타르**

2) 혼합 시멘트의 적극적인 활용

유럽에서는 시멘트 산업에서 배출하는 온실가스 부하를 줄이기 위해 산업부산물들을 활용한 혼합 시멘트의 사용을 적극 장려하고 있다. 이를 위해 시멘트의 분류법을 규정중심 위주에서 성능중심 규정 위주로 전환하고 혼합 시멘트의 종류를 체계화하였으며, 드라이믹스 모르타르 업계에서도 혼합 시멘트의 사용이 늘고 있는 추세이다. 한편 혼합 시멘트 사용이 증가됨에 따라 유해·발암성 중금속인 크롬의 문제가 대두되었고, 유럽연합은 2005년부터 시멘트 및 시멘트를 이용한 제품에 수용성 크롬의 감축을 강제화하였는데, 이와 관련해 6가크롬(Cr^{6+}) 고정화를 위한 크롬 저감제에 대한 연구도 이루어지고 있다[3].

3) 폐유리 경량골재

100% 재활용 유리를 이용해서 제조된 경량골재 및 이를 이용한 각종 드라이믹스 모르타르 또한 대표적인 친환경 제품이라 할 수 있다[4].

4.3.4 드라이믹스 모르타르 관련 커뮤니티와 국제 컨퍼런스

이 절의 내용 중 일부는 드라이믹스 모르타르 커뮤니티인 Drymix.info, SEADMA, MEDMA에서 개최한 국제 컨퍼런스 자료를 참고자료로 활용하였다.

드라이믹스 모르타르 커뮤니티인 위 단체들은 모르타르 제조업체, 원료 공급업체, 학계 등이 회원으로 구성되었으며, 2006년 싱가포르에서 SEADMA 컨퍼런스를 시작으로 매년 여러 지역에서 드라이믹스 모르타르 컨퍼런스를 개최하고 있다. SEADMA, MEDMA의 경우는 동남아와 중동의 드라이믹스 모르타르 산업의 증진을 위해 구성되었으며, 협의를 통해 각종 성능중심 규정 및 평가 방법에 대한 연구조사·수립 활동들을 벌이고 있다.

모르타르 기술은 시멘트 화학, 물리, 광물학, 화학공정, 고분자 화학, 기계공학(특수 혼합, 이송, 시공) 등 다양한 기술의 연계가 필요한 대표적인 융·복합 건축기술이다.

향후에도 다양한 혼화제, 배합 기술, 시공 기술, 신규 용도, 기계화 등의 개발이 이루어질 것으로 기대되며, 드라이믹스 모르타르는 친환경적이고 지속가능한 건축을 가능케 하는 데 있어 매우 중요한 역할을 담당해 나갈 것으로 판단된다.

참/고/문/헌

1) 최낙운, 드라이몰탈의 배합기술과 기능성 혼화제의 활용, 제 2회 건축재료 및 시공 학술 세미나, 시멘트 콘크리트 과학 연구회, 2010.10.1.

2) 삼성정밀화학 셀룰로스 홈페이지 : http://www.samsung-cellulose.com.

3) http://www.seadma.org

4) http://www.medma.org

제 5 장 향후 기대되는 폴리머 콘크리트 복합체

5.1 인텔리전트 콘크리트

5.1.1 개요

철근콘크리트는 콘크리트와 철근의 조합으로 이루어져 철근과 콘크리트 각각의 이점을 살리면서 결점을 서로 보완한 복합재료로 이상적인 구조재료라고 말할 수 있다. 지금까지 철근콘크리트를 구조물에 사용할 경우 설계, 재료의 선택 및 시공이 적절하게 이루어진다면 그 수명은 반영구적이라 여겨져 왔다. 그렇지만 최근 철근콘크리트 구조물의 조기 성능저하가 사회문제가 되고 있고, 또한 환경부하 저감의 관점에서 보다 오래 지속 가능한 장수명의 구조 재료가 요구되고 있다. 철근콘크리트 구조물의 조기 성능저하에 대한 효과적인 해결책으로 콘크리트 자체를 인텔리전트 재료로 전환하는 수법이 검토되고 있는데, 여기서, 인텔리전트 재료란 일반적인 개념으로[1] 재료자체가 정보를 받아들여 복수의 기능을 조직적으로 제휴해 고차의 기능을 능동적으로 완수하는 것이 가능한 재료라고 할 수 있다. 즉, 재료 자체에 외부 환경이나 내부 환경의 정보를 감지(sensor 기능)하고, 거기서 얻어진 정보를 기초로 판단(processor 기능)하여 행동(actuator 기능)하는, 일련의 기구를 내장하고 있는 재료이다. 이 절에서는 콘크리트 자체를 인텔리전트 재료로 전환하기 위한 몇 개의 시도를 소개한다. 구체적인 재료, 조합 등은 참고문헌을 참조하기 바란다.

5.1.2 연구 사례

1) 균열의 제어 및 자기복구(自己復舊) 기능을 갖는 인텔리전트 콘크리트

1998년에 미하시(Mihashi)[2] 등은 콘크리트에 보수재를 봉입한 유리관을 매설하면, 콘크리트에 균열이 발생했을 때 유리관이 갈라져서 봉입되어 있던 보수재가 콘크리트 중에 유출되어 그 균열을 자기복구하는 것을 보고하고 있다. 같은 내용으로 누마오(Numao)[3] 등은 콘크리트에 보수재를 봉입한 유리관을 설치하면, 압축력이 가해질 때 유리관의 파괴로 보수재가 콘크리트 내에 유출되어 콘크리트를 복구하는 자기복구 기능을 갖는 인텔리전트 콘크리트에 대해 보고하고 있다. 일반적으로 에폭시수지는 주제와 경화제의 혼합으로 경화한다고 알려져 있다. 그렇지만 오하마(Ohama) 등은 경화제를 첨가하지 않은 에폭시수지도 그것만으로 폴리머 시멘트 모르타르 및 콘크리트 내에서 경화됨을 보고하고 있다.[4), 5)] 이것은 그림 5.1에서 알 수 있듯이, 폴리머 시멘트 모르타르 및 콘크리트에 혼입된 경화제 무첨가 에폭시수지가 시멘트 수화물에서 생기는 수산화물이온(OH^-)의 촉매작용에 의해 경화하는 것이다. 경화제 무첨가 에폭시수지 혼입 폴리머 시멘트 모르타르 및 콘크리트의 경화도는 폴리머-시멘트비가 20% 이상은 50% 이하, 폴리머-시멘트비 20% 미만에서는 50~90%가 되는 것이 밝혀져 있다[5]. 이것은 경화제 무첨가 에폭시수지 혼입 폴리머 시멘트 모르타르 및 콘크리트에서는 에폭시수지상 표층부만이 경화되고 미경화된 에폭시수지는 경화된 에폭시수지에 싸여 캡슐화됨을 시사하고 있다.

그림 5.2는 앞서 말한 기구를 기초로 경화제 무첨가 에폭시수지 혼입 폴리머 시멘트계 인텔리전트 콘크리트가 갖는 자기복구 기능의 개요를 나타낸다. 그림 5.3은 예비 재하한 경화제 무첨가 에폭시수지 혼입 폴리머 시멘트 모르타르의 강도 발현을 설명한 것이다[6]. 여기에서는 높은 폴리머-시멘트비(20~60%)의 경화제 무첨가 에폭시수지 혼입 폴리머 시멘트 모르타르에 그 최대 압축하중의 80, 85 및 90%를 예비 재하하여 강제적으로 미세 균열을 발생시키고, 다시 건조양생한 후 강도 시험을 행한 결과 모르타르 강도가 회복되었음을 검증하였다[6].

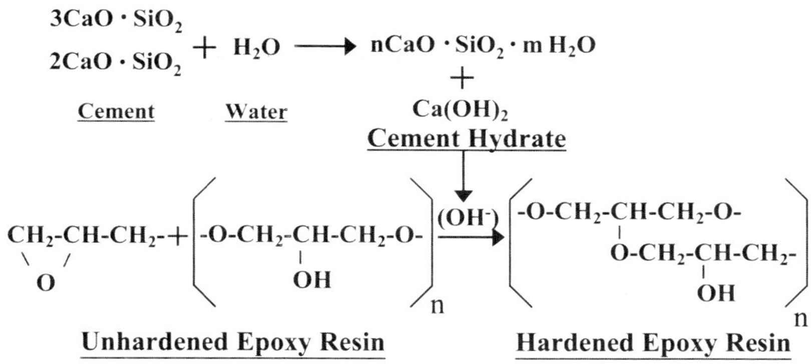

그림 5.1 **경화제 무첨가 에폭시수지 혼입 폴리머 시멘트 모르타르 및 콘크리트 중에서 에폭시수지의 경화반응**

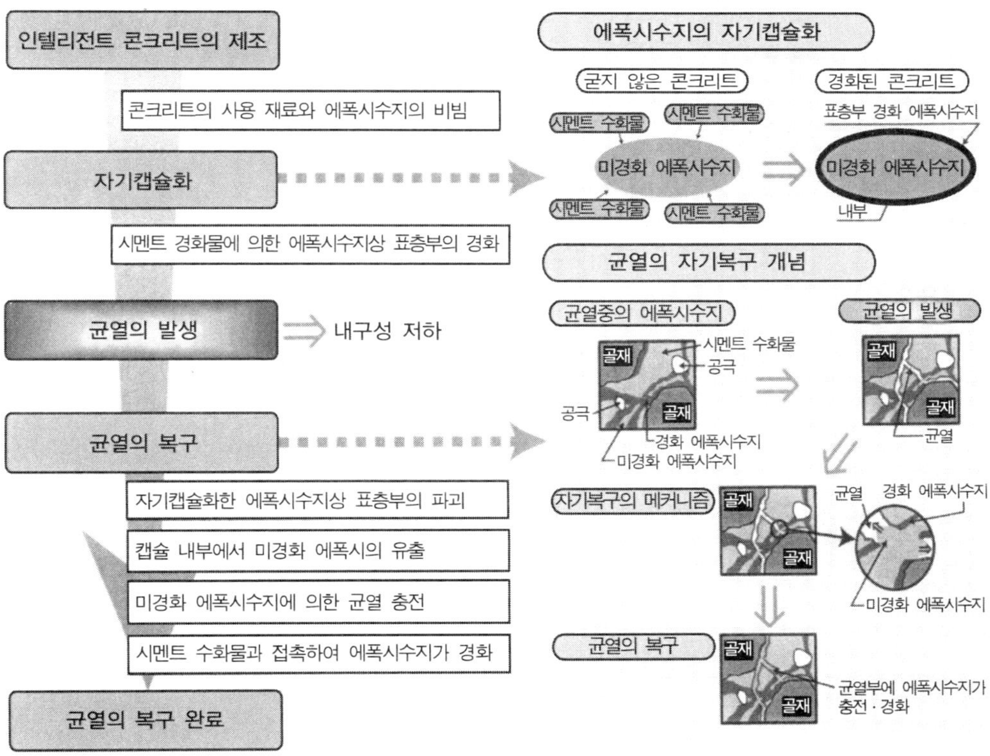

그림 5.2 **경화제 무첨가 에폭시수지 혼입 폴리머 시멘트계 인텔리전트 콘크리트의 자기복구 기능**

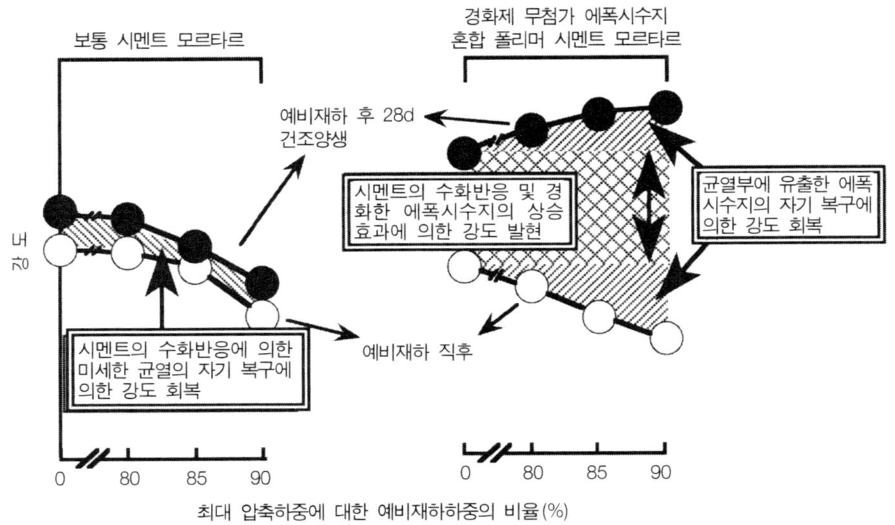

그림 5.3 **예비 재하한 경화제 무첨가 에폭시수지 혼입 폴리머 시멘트 모르타르의 강도 발현**

그림 5.4는 경화제 무첨가 에폭시수지 혼입 폴리머 시멘트 모르타르의 휨강도를 나타낸다[7]. 여기서, 휨강도라는 것은 폴리머-시멘트비를 0, 30 및 50%로 조합한 공시 모르타르를 제작한 후 1차 양생으로 2일 습공양생을 하고, 그 후 공시체에 하중을 걸어 파단한 후 그 공시체를 짜 맞추어 2차 양생으로 건조, 온수 또는 가열양생을 한 공시체의 휨강도이다.

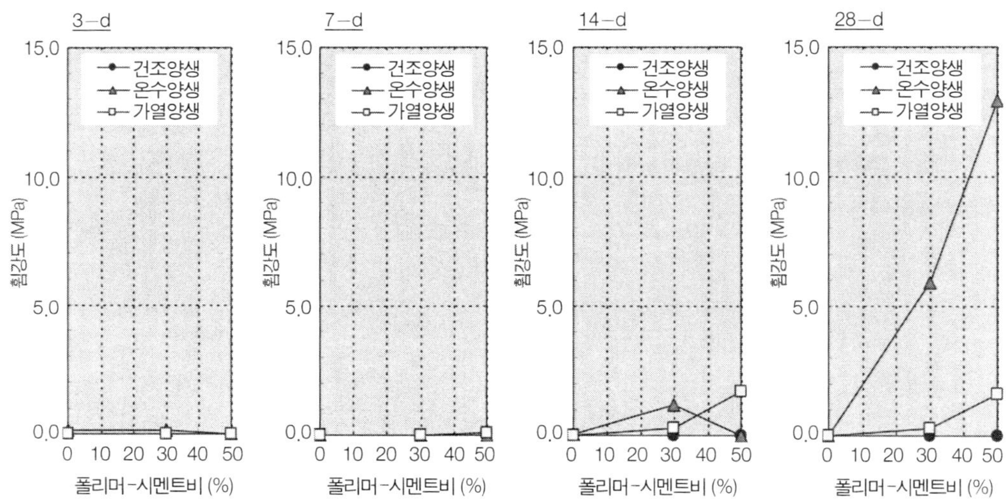

그림 5.4 **각종 양생을 한 경화제 무첨가 에폭시수지 혼입 폴리머 시멘트 모르타르의 휨강도와 폴리머-시멘트비의 관계**

그림 5.4에서도 알 수 있듯이 폴리머-시멘트비 0%(보통 시멘트 모르타르)인 경우에는 어떤 양생법을 적용해도 휨강도의 발현이 없었으며, 자기복구 기능은 보이지 않았다. 한편 폴리머-시멘트비 30 및 50%로 한 경화제 무첨가 에폭시수지 혼입 폴리머 시멘트 모르타르는 온수 또는 가열양생할 경우 휨강도의 발현이 확인되었다. 특히 28일 온수양생을 행한 것은 폴리머-시멘트비 30%일 경우는 5.9MPa, 폴리머-시멘트비 50%일 경우는 12.9MPa의 휨강도 발현이 확인되었는데, 이는 균열의 자기복구를 시사하는 결과이다.

2) 수화열 제어 기능을 가지는 인텔리전트 콘크리트

니시야마(Nishiyama)[8)~11)] 등은 매스 콘크리트 내부의 시멘트 수화열을 제어하는 인텔리전트 콘크리트를 검토하고 있다. 이는 콘크리트에 미리 지연제를 봉입한 캡슐(수화열 제어용 캡슐)을 내재해두어 시멘트의 수화열에 의한 온도 상승으로 인해 그 온도가 캡슐 용해온도에 이르면, 캡슐을 구성하는 파라핀이 용해되어 지연제가 콘크리트 내에 유출되어 시멘트의 수화열을 억제하도록 한 것이다. 그림 5.5는 캡슐 혼입 콘크리트(수화열 제어용 캡슐의 시방 : 평균 입경 150㎛, 설정 용해온도 48℃)와 일반 콘크리트의 온도이력을 나타낸다[9)]. 이 그림에서 알 수 있듯이, 무 혼입의 일반 콘크리트의 최고 온도는 60℃ 이상이 되는 데 반해 캡슐 혼입 콘크리트의 최고 온도는 약 48℃까지밖에 상승하지 않았으며, 설정한 용해온도(48℃)와 같은 정도를 나타내고 있다. 이것은 수화열 제어용 캡슐을 혼입하는 것으로 수화열에 의한 온도 상승을 제어할 수 있음을 시사하는 것이다.

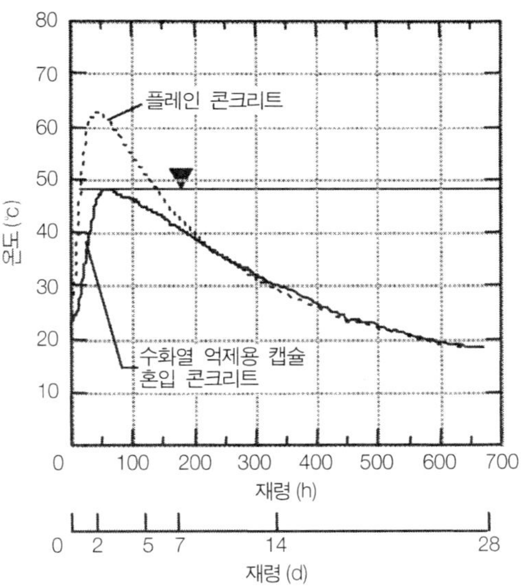

그림 5.5 **수화열 제어용 캡슐 혼입 콘크리트 및 일반 콘크리트의 온도이력과 재령의 관계**

3) 철근의 부식 억제 · 조직의 개질기능을 가지는 인텔리전트 콘크리트

1992년, Dry[12]는 중공(中空) 다공질 섬유에 방청제를 봉입해 두어 콘크리트의 pH가 저하되면 콘크리트 내에 방청제가 방출되도록 해 철근의 부식을 막는 인텔리전트 콘크리트를 검토하였다. 또한 중공 다공질 섬유에 메타크릴산메틸을 주성분으로 하는 액상 레진을 봉입해 비빌 때 콘크리트에 묻고, 콘크리트의 경화 후 가열함으로써 콘크리트 내부조직을 개질하고 있다[13].

5.2 고흡수성 폴리머

5.2.1 개요

고흡수성 폴리머는 자중의 100배 이상의 물을 흡수해 다소의 힘을 가해도 밖으로 물이 배출되지 않는 폴리머를 말한다. 이 고흡수성 폴리머는 이온기를 가지는 전해질 폴리머 또는 많은 히드록실기를 가지는 친수성 폴리머를 약간 가교시키는 것에 의해 만들어지고 있다. 그 때문에 가교구조를 가지는 폴리머 안에 물이 들어가면 물과 폴리머가 강하게 화학 결합하여 물이 밖으로 배출되기 어려워지는 것이다.

고흡수성 폴리머는 1974년 미국 농무성 북부 연구소에서 개발된 것으로 1978년에 생리용품으로 처음 실용화되었다[14]. 현재도 종이기저귀나 생리용품 등 위생 관련 분야를 중심으로 이용되고 있지만, 그 뛰어난 흡수 및 보수 성능을 살려 건설 분야에서도 광범위하게 이용되고 있다.

5.2.2 제조 방법과 분류

고흡수성 폴리머는 수용성 고분자를 가교한 것으로 흡수 성능을 부여하는 인자로는 이온의 침투압과 고분자 전해질의 물과의 친화력, 그리고 겔 내측 편이 가동 이온농도가 높기 때문에 발생하는 침투압 2종류이다. 또 흡수 성능을 억제하는 요인은 망목구조에 기인하는 고무 탄성이며, 이러한 균형으로 인해 흡수력이 결정된다. 고흡수성 폴리머를 제조 방법에 따라 분류하면 표 5.1에 나타낸 바와 같다[14).

표 5.1 **고흡수성 폴리머의 제조 방법상 분류**

원료	제조상의 반응	폴리머의 형상
전분계 셀룰로오스계 합성고분자계 폴리아크릴산염계 폴리비닐알코올계 폴리아크릴아미드계	그래프트 중합 카복시메틸화 가교제공 중합 자기가교 중합 그 외의 반응	분말상 액상 섬유상 겔상 필름상 복합체

5.2.3 연구 사례

1) 지구 온난화 방지 기술

아스팔트나 콘크리트에 의한 방사열, 에어컨에서 배출되는 열, 자동차가 배출하는 질소산화물(NO_X) 등으로 인해 도심부의 평균 기온은 매년 상승하고 있다. 그 대책으로 고흡수성 폴리머가 가지는 흡수 및 보수성능을 이용한 습도 조정과 기화열에 의한 온도 억제효과에 주목하여 연구와 제품 개발을 하고 있다. 그림 5.6은 인터록킹 블록의 기반 모래에 고흡수성 폴리머를 첨가할 경우의 수분 증발을 나타내는 것으로, 고흡수성 폴리머의 첨가에 의해 장기간에 걸치는 효과를 기대할 수 있다[15),16)]. 고흡수성 폴리머를 첨가한 포장의 내부온도와 첨가하지 않을 경우와의 온도차를 경시 변화로 나타낸 것에서도 폴리머를 첨가한 편의 것이 온도가 낮아지고 있다. 그림 5.7은 인터록킹 블록의 기반 모래에 고흡수성 폴리머를 첨가한 경우와 첨가하지 않은 경우의 절대습도의 차이를 나타낸다[15),16)]. 강우를 고려한 살수 2일째 이후에는 고흡수성 폴리머를 첨가한 쪽이 높은 값을 나타낸다.

옥상 및 벽면을 녹화하는 경우, 식물을 심는 기반이 되는 토양도 경량화가 필요하다. 그러나 경량 토양은 보수력이 부족하기 때문에 그 대책으로 고흡수성 폴리머를 이용한 토양이 이용되고 있다. 그 하나로 사하라 사막의 녹화를 위해 개발된 토양 개량재 '테라코템'이 있다. 이 토양 개량재에 사용되고 있는 고흡수성 폴리머의 내용연수는 10년으로 일반적으로 시판되고 있는 제품보다 긴 것이 특징이다. 표 5.2는 고흡수성 폴리머를 이용한 테라코템의 성분과 외관을 나타낸다[17)].

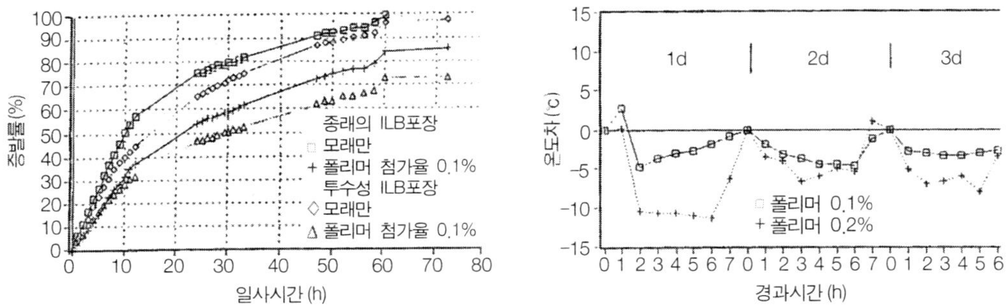

그림 5.6 **인터록킹 블록의 기반 모래에 고흡수성 폴리머를 첨가한 경우의 수분 증발률 및 폴리머를 첨가하지 않은 경우의 내부 온도차**

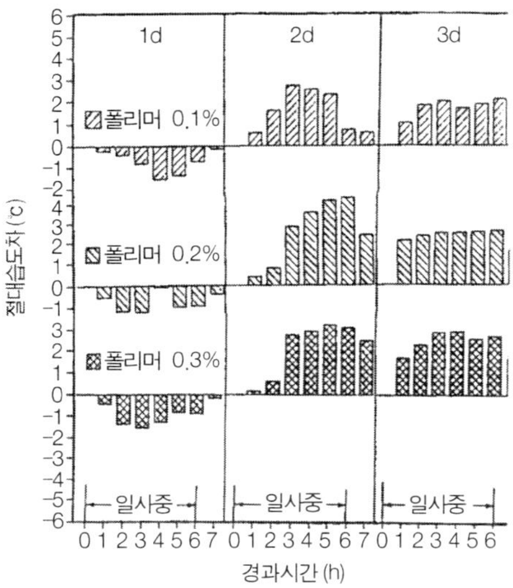

그림 5.7 **인터록킹 블록의 기반 모래에 고흡수성 폴리머를 첨가한 경우와 첨가하지 않은 경우의 절대온도차**

표 5.2 **고흡수성 폴리머를 이용한 테라코템의 성분과 외관**

구성	배합(%)	화학성분
고흡수성 폴리머	39.50	여러 종류의 프로페나미드 · 프로베노에이트 · 코폴리머의 혼합물
성장 촉진제	0.25	무기질 및 유기질 원료
비료	10.50	–
캐리어	49.75	실리카(성장 촉진제와 결합한다)

또한 사막의 녹화에도 고흡수성 폴리머가 이용되고 있다. 식물의 근원에 고흡수성 폴리머를 혼합해 물을 보내면 고흡수성 폴리머는 물을 들이마셔 부풀어 오르며, 식물은 이 물을 흡수해 성장하는 원리이다.

2) 콘크리트의 성능 개선 기술

고흡수성 폴리머 중에는 콘크리트 내의 수산화칼슘 용액에서는 거의 흡수하지 않고 중성 또는 산성의 물에서는 급격하게 흡수 팽창하는 것이 있다. 이 고흡수성 폴리머를 콘크리트에 첨가해 탈형 직후에 살수하면, 콘크리트 표면부의 고흡수성 폴리머가 흡수 팽창해 콘크리트 표면을 겔이 싸서 밀봉양생하는 것과 같게 된다. 그림 5.8은 흡수 특성을 나타내는 고흡수성 폴리머를 첨가한 모르타르에 탈형 직후 살수하여 기중양생할 경우와 수중양생할 경우의 압축강도를 비교한 것이다[18]. 고흡수성 폴리머의 첨가량이 많아짐에 따라 기중양생을 하더라도 밀봉양생 또는 수중양생을 할 경우의 강도에 가까워지는 경향을 보인다.

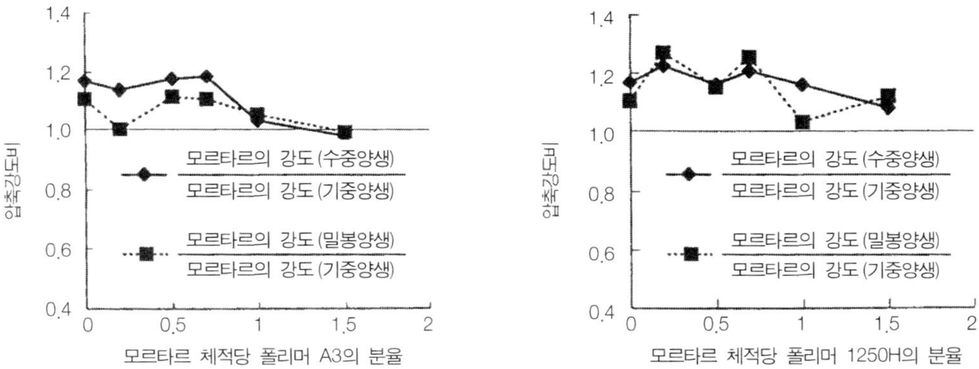

그림 5.8 **고흡수성 폴리머를 첨가한 모르타르에 탈형 직후 살수하여 기중양생할 경우와 수중 또는 밀봉양생할 경우의 모르타르 압축강도비**

매스 콘크리트의 시공에 있어서 온도균열을 제어·방지하는 관점에서 고흡수성 폴리머의 이용이 시도되고 있다. 일반적으로 매스 콘크리트의 프리쿨링 공법으로는 미리 콘크리트에 이용되는 재료를 냉각하는 방법과 비빔 후의 콘크리트 온도를 액체 질소로 냉각하는 방법이 이용되고 있다. 물을 냉각해 얼음으로 하는 경우, 비빔 중에 완전하게 융해하기 위해 박편 상으로 할 필요가 있다. 그 때문에 물을 대체 재료에 흡수시켜 냉각 동결한 고흡수성 폴리머가 이용되고 있다. 고흡수성 폴리머는 동결해도 서로 달라붙지 않으며 굳지 않고 비빔 중에 곧바로 융해해 시멘트의 수화에 의해 물을 내뱉기 시작하는 성질을 가지고 있다. 그림 5.9는 고흡수성 폴리머를 이용한 콘크리트의 비빔 직후의 온도와 슬럼프의 관계를, 그림 5.10은 상온 및 냉각 콘크리트의 슬럼프 경시 변화를, 그림 5.11은 고흡수성 폴리머를 이용한 콘크리트의 압축강도 발현 성상을 나타낸다[19]. 비빔수로 고흡수성 폴리머를 이용해도 수돗물을 이용한 콘크리트의 슬럼프 및 압축강도와 큰 차이를 보이지 않는다.

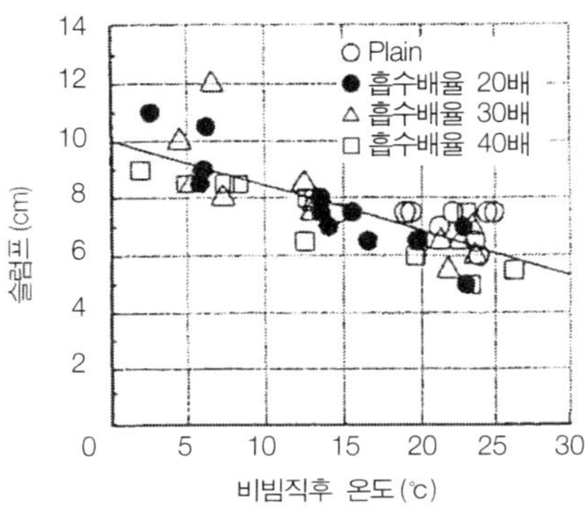

그림 5.9 **고흡수성 폴리머를 이용한 콘크리트의 비빔 직후 온도와 슬럼프의 관계**

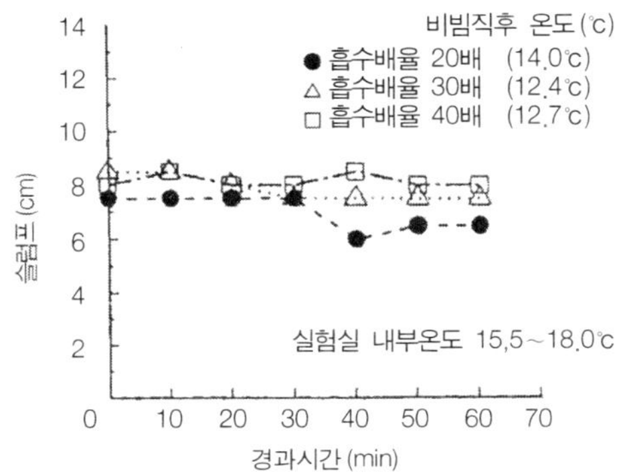

그림 5.10 **고흡수성 폴리머를 이용한 상온 및 냉각 콘크리트의 경시 변화**

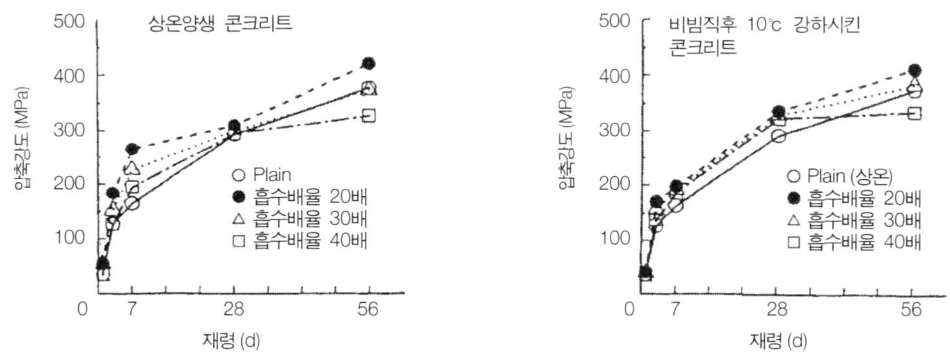

그림 5.11 **고흡수성 폴리머를 이용한 콘크리트의 압축강도 발현 성상**

3) 건설 오니의 재활용 기술

최근 도시정비 기반의 확충으로 인해 지하이용 굴삭공사가 증가하는 경향에 있다. 이에 따라 지중연속벽공법, 쉴드 공법, 현장말뚝공법, 지반개량공법 등에서 벤토나이트 용액이나 시멘트 밀크 등을 포함한 대량의 건설 오니가 배출되고 있다. 오니의 배출량 증가는 해마다 신설 및 증설이 곤란해지고 있는 관리형 처분장의 잔여 연수 단명화로 인해 대량의 부적정 처리, 불법투기 등에 의한 자연파괴로 연결되고 있다. 이러한 이유로 대량 발생하는 건설 오니를 재생자원으로 이용하기 위한 재활용 기술에 고흡수성 폴리머가 이용되고 있다.

이 기술은 식물성 고흡수성 폴리머와 특수 시멘트계 고화재를 사용한 것으로, 건설 오니를 단시간에 재생자원으로 이용 가능하게 하는 기술이다. 이것은 오니와 고화재를 혼합할 때 고화재가 수분을 빨아들여 겔화되고, 조립기(造粒機)의 회전에 의해 조립되며, 조립 후에는 고화재의 수화반응에 의해 고체화되는 것이다[20].

4) 지수 · 실링재

터널의 복공 배후의 뒤채움 충전재료나 수해 대책용 흙 부대에 고흡수성 폴리머가 이용되고 있다[21),22]. 그림 5.12는 고흡수성 폴리머를 이용한 흙 부대를 시공하기 전과 시공한 후의 상황을 나타낸다[22]. 이 흙 부대는 2분 내지 4분 사이에 흡수를 완료하며 무게는 약 20kg이다.

시공 전 시공 후

그림 5.12 **고흡수성 폴리머를 이용한 흙부대**

5.3 오토클레이브 양생 폴리머 시멘트 모르타르 및 콘크리트

5.3.1 개요

일반적으로 오토클레이브 양생은 조기 강도 발현을 목적으로 프리캐스트 콘크리트 제품의 제조에 이용되고 있다. 한편 폴리머 시멘트 모르타르 및 폴리머 콘크리트에 대해서도 오토클레이브 양생을 한 프리캐스트 제품의 제조가 요구되고 있다. 폴리머 시멘트 모르타르 및 콘크리트에 대한 오토클레이브 양생의 적용성에 대해 검토하고 있어 이하에 그 내용을 소개한다[22)~24)]. 보다 구체적인 재료, 배합 및 시험 방법은 참고 문헌을 참조하기 바란다.

5.3.2 연구 사례

오토클레이브 양생을 적용한 폴리머 시멘트 모르타르의 휨 및 압축강도를 그림 5.13~5.16에 나타내고 있다. 이 그림에서 알 수 있듯이, 최고 온도 및 실리카질 혼화재의 유무에 관계없이, 오토클레이브 양생 스티렌부타디엔 고무(SBR) 라텍스 혼입 폴리머 시멘트 모르타르의 휨 및 압축강도는 폴리머 결합재 비의 증가에 따라 증대하는 경향을 보인다. 한편 오토클레이브 양생 에틸렌 초산비닐(EVA) 에멀션 및 폴리아크릴산 에스테르(PAE) 에멀션 혼입 폴리머 시멘트 모르타르의 휨 및 압축강도는 폴리머 결합재 비의 증가에 따라 일부를 제외하고는 일정하거나 또는 감소하는 경향이 있다.

일반적으로 폴리머 시멘트 모르타르의 강도는 모르타르 중의 시멘트 수화와 그 조직 중에 형성되는 폴리머 필름에 의해 발현된다. 따라서 EVA 및 PAE 혼입 폴리머 시멘트 모르타르의 강도 저하는 오토클레이브 양생 중에 EVA 및 PAE의 비누화에 의한 폴리머 필름의 성능저하에 기인하는 것으로 생각된다. 또한 어떤 오토클레이브 양생에서는 혼화재의 혼입으로 모르타르의 휨 및 압축강도는 증대하는 경향이 있으며, 특히 고로슬래그 미분말을 혼입한 것이 가장 큰 효과를 나타낸다.

그림 5.14는 고로슬래그 미분말을 포함한 오토클레이브 양생 SBR 혼입 폴리머 시멘트 콘크리트의 인장 및 압축강도와 고로슬래그 치환율 및 폴리머 결합재 비의 관계를 나타낸다[3]. 폴리머 결합재 비에 관계없이 고로슬래그 미분말을 포함한 오토클레이브 양생 SBR 혼입 폴리머 시멘트 콘크리트의 인장 및 압축강도는 고로슬래그 치환율의 증가에 따라 증대해 고로슬래그 치환율 40%에서 최대값에 이르는 경향이 있다. 그리고 고로슬래그 치환율에 관계없이 그 인장 및 압축강도는 폴리머 결합재 비의 증가에 따라 현저하게 증대하는 경향이 있다. 특히 고로슬래그 치환율 40% 및 폴리머 결합재 비 20%인 경우에는 폴리머를 혼입하지 않은 경우의 약 3.0배에 이르는, 지극히 높은 인장강도와 약 1.5배의 압축강도를 갖는다. 이러한 높은 인장 및 압축강도의 발현은 고로슬래그 미분말의 혼입으로 인한 시멘트와의 포졸란 반응의 결과로, 11Å 토버모라이트의 생성에 의한 조직의 치밀화, SBR 혼입에 의한 현저한 감수효과, 시멘트 수화물과 골재 간의 접착성 개선 및 폴리머 필름에 의한 인장강도 부여에 기인하는 것으로 판단된다.

이상의 결과는 폴리머로 스티렌부타디엔 고무(SBR) 라텍스를 사용하면 오토클레이브 양생 적용이 가능하게 되며, 또한 혼화재로 고로슬래그 미분말을 혼입하면 그 효과가 향상됨을 시사하고 있다.

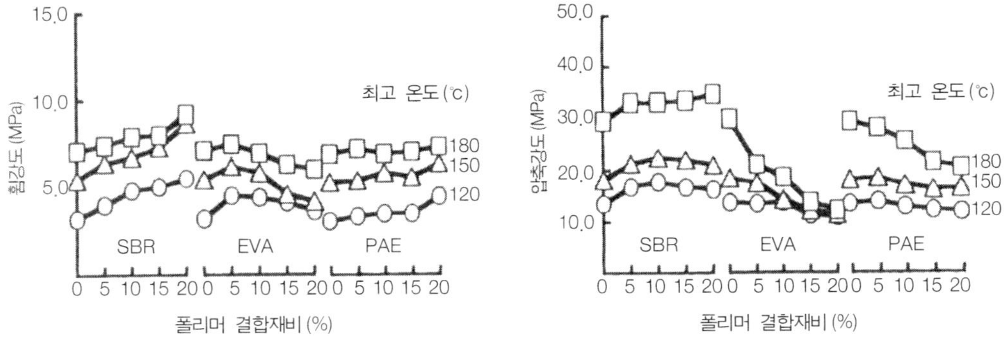

그림 5.13 **오토클레이브 양생을 적용한 폴리머 시멘트 모르타르의 휨 및 압축강도**

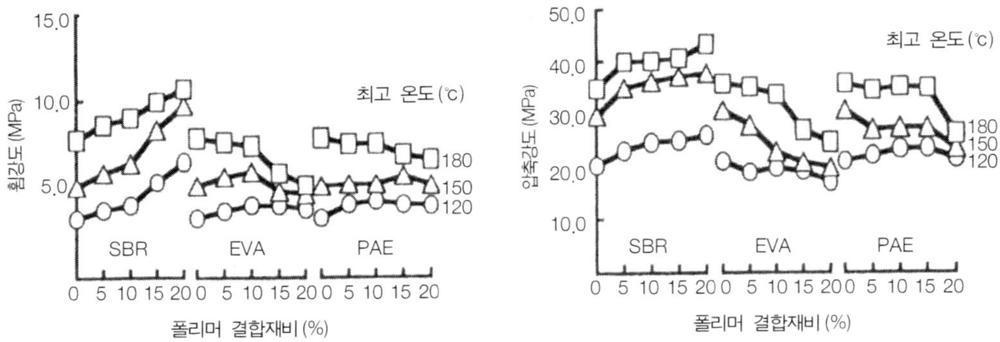

그림 5.14 **오토클레이브 양생을 적용한 고로슬래그 미분말을 포함한 폴리머 시멘트 모르타르의 휨 및 압축강도**

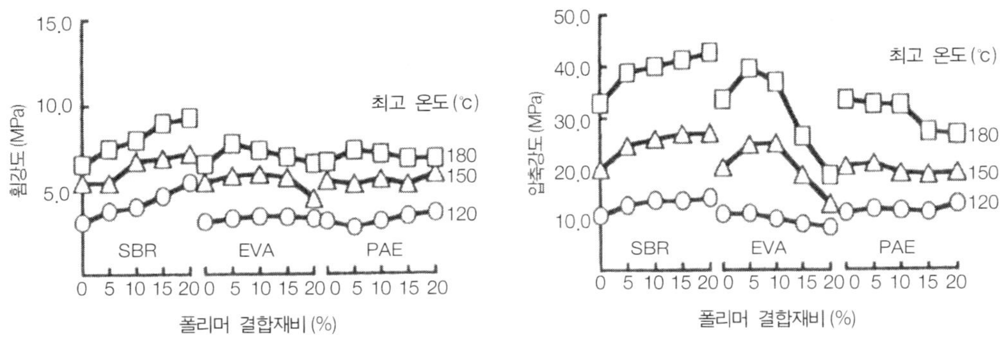

그림 5.15 **오토클레이브 양생을 적용한 고순도 실리카를 포함한 SBR 혼입 폴리머 시멘트 콘크리트의 휨 및 압축강도**

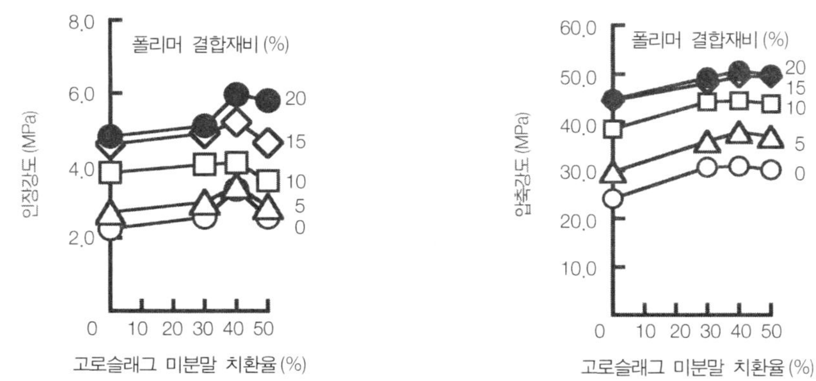

그림 5.16 **오토클레이브 양생을 적용한 고로슬래그 미분말을 포함한 SBR 혼입 폴리머 시멘트 콘크리트의 인장 및 압축강도**

5.4 내수성이 뛰어난 MDF 시멘트 경화체

5.4.1 개요

MDF 시멘트 경화체는 1981년에 영국의 ICI社에 의해 거시적(macro)인 결함(defect)을 배제한(free) 시멘트계 복합 재료로 개발되었는데[25], 그 특징으로는 명칭에서도 알 수 있듯이 응력이 집중되는 거시적인 공극을 경화체 속에서 없애고, 상호 작용하는 시멘트 수화물 겔 계면에서 폴리머 접착력에 의해 현저하게 높은 휨강도를 발현하게 된다는 점이다. 구체적으로는 시멘트에 수용성 폴리머를 가해 지극히 낮은 물-시멘트비(8~20%)에서 기계화학적 효과의 응용으로 제조되며. 그 휨강도는 보통 포틀랜드 시멘트를 이용한 경우 50~70MPa[25], 알루미나 시멘트를 이용한 경우 100~150MPa까지도 달한다[26]. 그렇지만 MDF 시멘트 경화체에 있어 결합재로써 수용성 폴리머는 그 성질상 건조조건에서는 현저히 높은 휨강도를 발현하지만 물에 용해되기 때문에, MDF 시멘트 경화체가 습윤조건에 폭로될 경우에는 그림 5.17에서와 같이 팽윤하며 내수성은 지극히 저하된다. 여기서, MDF 시멘트 경화체의 건축 분야의 이용을 생각할 경우, 건축 재료가 사용되는 환경에는 어떤 식으로든 수분이 존재하고 건조 상태가 유지되는 환경은 거의 없다고 할 수 있으므로, MDF 시멘트 경화체를 건축 재료로 이용하기 위해서는 내수성 개선이 필수 불가결한 과제이다.

이에 대해 오하마(Ohama) 등[27], 하세가와(Hasegawa) 등[28]은 MDF 시멘트 경화체의 내수성 개선을 위해 각종 방안을 검토하고 있으며, 그로 인해 현저한 내수성 개선이 보고되고 있어 이하에 그 내용을 소개한다. 보다 구체적인 재료, 배합 및 시험 방법은 참고 문헌을 참조하기 바란다.

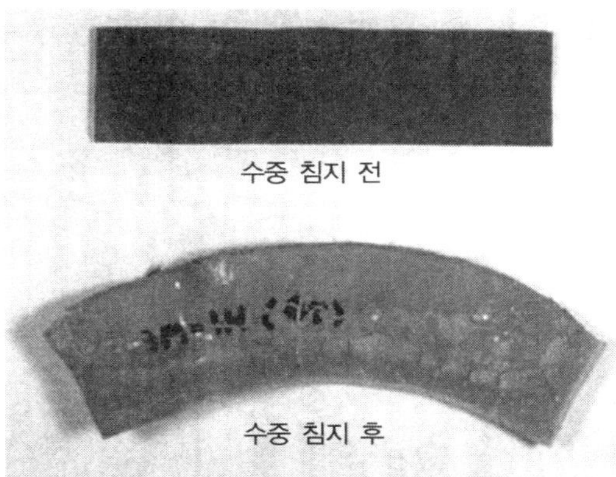

그림 5.17 **수중 침지 전후의 MDF 시멘트 경화체의 외관**

5.4.2 연구 사례

그림 5.18은 오하마(Ohama) 등에 의한 검토[27)]로 보통 포틀랜드 시멘트를 사용하여 프레스 성형 후 2시간, 200℃로 가열양생해 제조한 MDF 시멘트 경화체의 수중 침지 전후의 휨강도를 나타낸다. 이 결과에서 알 수 있듯이 폴리아크릴 아미드-에폭시수지-페놀수지계 MDF 시멘트 경화체는 프레스 성형 후에 가열양생함으로써 내수성이 개선되는데, 특히 폴리아크릴 아미드 6%, 에폭시수지 6%, 페놀수지 2%, 물-시멘트비 8%로 한 배합의 MDF 시멘트 경화체의 경우, 수중 침지 전후의 휨강도는 각각 100 및 92MPa에 이르고 잔류 강도도 92%로 현저하게 높아져 내수성이 개선됨을 알 수 있다.

그림 5.19는 하세가와 등에 의한 검토[28)]로 알루미나 시멘트를 사용해 캘린더 성형 또는 핫프레스 성형한 MDF 시멘트 경화체의 수중침지 기간과 휨강도의 관계를 나타낸다. 이 결과에서 알 수 있듯이 캘린더 성형과 핫프레스 성형, 양쪽 모두에서 수중 침지 초기에 휨강도의 증가가 있으나 시간의 경과에 따라 조금씩 저하하는 경향이 있다. 그렇지만 수중침지 후 3개월 지점에서는 캘린더 성형 또는 핫프레스 성형한 MDF 시멘트 경화체의 수중침지 후의 휨강도는 각각 190 및 120MPa 정도에 이르며, 내수성이 뛰어난 MDF 시멘트 경화체의 제조가 가능해진다.

이러한 결과로 볼 때 고강도를 가지는 MDF 시멘트 경화체의 건축 분야 적용이 가능할 것으로 생각된다.

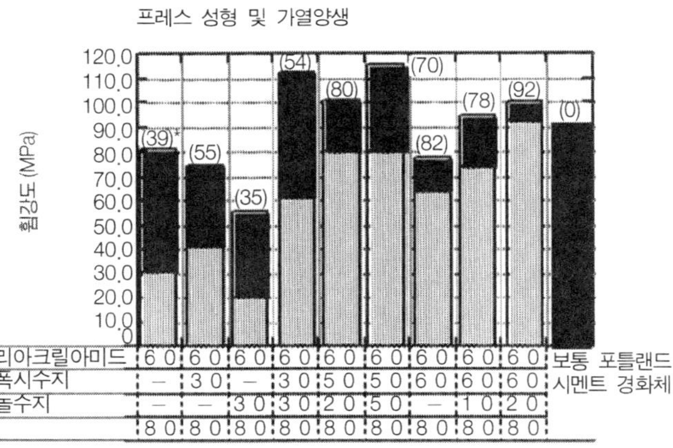

폴리아크릴아미드	6 0	6 0	6 0	6 0	6 0	6 0	6 0	6 0	6 0	보통 포틀랜드 시멘트 경화체
에폭시수지	–	3 0	–	3 0	5 0	5 0	6 0	6 0	6 0	
페놀수지	–	–	3 0	3 0	2 0	5 0	–	1 0	2 0	
물	8 0	8 0	8 0	8 0	8 0	8 0	8 0	8 0	8 0	

(주) *: 잔류강도 (%)

그림 5.18 **프레스 성형 후에 2h 200℃에서 가열해 제조한 MDF 시멘트 경화체의 수중침지 전후의 휨강도**

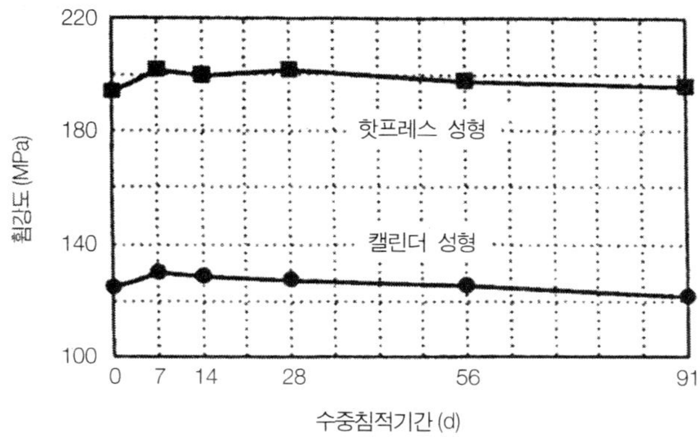

그림 5.19 **알루미나 시멘트를 사용해 캘린더 성형 또는 핫프레스 성형한 MDF 시멘트 경화체의 수중침지 후의 휨강도**

5.5 재유화형 분말수지 혼입 폴리머 시멘트 모르타르용 수축저감제

5.5.1 개요

재유화형 분말수지는 1950년대 후반 독일에서 개발되어 그 취급의 용이함을 살려 건설 분야에 이용이 시도되었지만 재분산성, 최소필름형성 온도(MFFT), 폴리머 필름의 내수성 등에 문제가 있어 광범위하게 이용되지 않았다. 그렇지만 최근 이러한 문제를 해결한 고성능의 각종 재유화형 분말수지가 개발, 시판되어 이들을 이용한 마무리 바름재, 타일용 접착재, 도막 방수재, 철근콘크리트 구조용 보수재 등이 건설 분야에서 사용되고 있다.

폴리머 디스퍼전은 액상이지만 이것과 같은 성능을 가지는 재유화형 분말수지를 이용함으로써 현장 시공에 있어서 비빔수만을 더해 사용할 수 있는 프리패키지형 폴리머 시멘트 모르타르 제품의 제조가 가능해지고 있다. 그렇지만 재유화형 분말수지를 혼입한 폴리머 시멘트 모르타르는 폴리머 디스퍼전을 혼입한 폴리머 시멘트 모르타르 및 보통 시멘트 모르타르에 비해 그 건조수축이 상당히 크다. 최근 개발된 분말 소포제와 분말 수축저감제는 각각 시멘트 모르타르에 연행되는 공기량의 감소와 시멘트 페이스트 중의 모세관 중에 존재하는 물의 표면장력 저하에 의한 건조수축의 저감을 목적으로 한 것이다. 이러한 2종류의 혼화제 첨가에 의해 고성능의 프리패키지형 폴리머 시멘트 모르타르 제품의 제조가 가능하게 된다. 이 절에서는 그 연구 사례를 소개한다.

5.5.2 연구 사례

1) 폴리에테르계 분말 수축저감제를 첨가한 재유화형 분말수지 혼입 폴리머 시멘트 모르타르의 성질

그림 5.20에서와 같이 재유화형 분말수지 혼입 폴리머 시멘트 모르타르에 폴리에틸렌 글리콜계 분말 수축저감제를 첨가해 수축 저감효과 및 강도에 미치는 영향을 검토하였으며, 분말 수축저감제의 첨가에 의해 재유화형 분말수지 혼입 폴리머 시멘트 모르타르의 건조수축을 저감할 수 있다는 것을 보고하고 있다[29),30)].

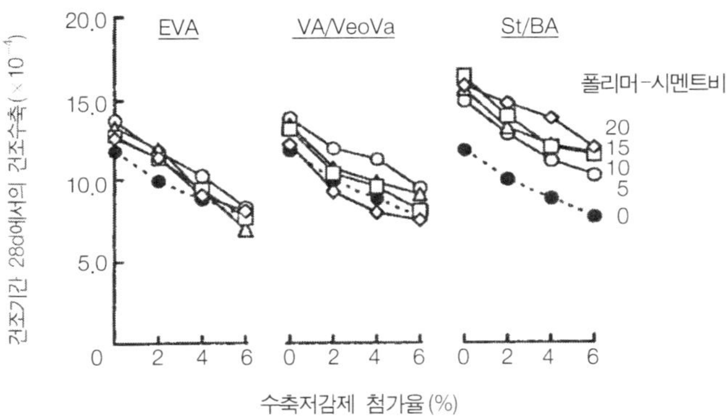

그림 5.20 **분말 수축저감제를 첨가한 재유화형 분말수지 혼입 폴리머 시멘트 모르타르의 건조기간 28일의 건조수축과 분말 수축저감제 첨가율의 관계**

2) 분말 수축저감제를 첨가한 재유화형 분말수지 혼입 폴리머 시멘트 모르타르의 성질에 미치는 분말 소포제 종류의 영향[31),32)]

사용한 분말 소포제, 재유화형 분말수지 및 분말 수축저감제는 다음과 같다.

① 분말 소포제 : 폴리옥시 에틸렌·폴리옥시 프로필렌·모노오레일 에테르(PA-1)
폴리옥시 에틸렌·폴리옥시 프로필렌·테트라디실 에테르(PA-2)
폴리프로필렌 글리콜(PA-3)

② 시멘트 혼화용 재유화형 분말수지 : 에틸렌 초산비닐(EVA)

초산비닐 · 비닐바사테이트(VA/VeoVa)

폴리아크릴산 에스테르(PAE)

③ 분말 수축저감제 : 폴리에테르계 분말 수축저감제

그림 5.21은 분말 소포제 및 분말 수축저감제를 첨가한 재유화형 분말수지 혼입 폴리머 시멘트 모르타르의 건조기간 28일의 경우 건조수축과 폴리머-시멘트비의 관계를 나타내고 있다. 재유화형 분말수지의 종류에 관계없이 재유화형 분말수지 혼입 폴리머 시멘트 모르타르의 건조수축은 분말 수축저감제의 첨가 및 폴리머-시멘트비의 증가에 의해 현저하게 증대하지만, 분말 소포제의 첨가에 의해 그 증가비율은 줄어든다. 재유화형 분말수지의 종류에 관계없이 분말 소포제 및 분말 수축저감제의 병용 첨가에 따라, 재유화형 분말수지 혼입 폴리머 시멘트 모르타르의 건조수축은 현저하게 감소한다. 재유화형 분말수지 혼입 폴리머 시멘트 모르타르는 분말 소포제의 첨가에 의해 그 공기량이 감소한다. 그 결과, 휨 및 압축강도 감소율과 건조수축 및 흡수율이 줄어드는 이점이 있다. 재유화형 분말수지로 폴리아크릴산 에스테르(PAE)를 제외한 폴리머 시멘트 모르타르에 있어 분말 소포제로는 PA-1의 첨가가 추천된다.

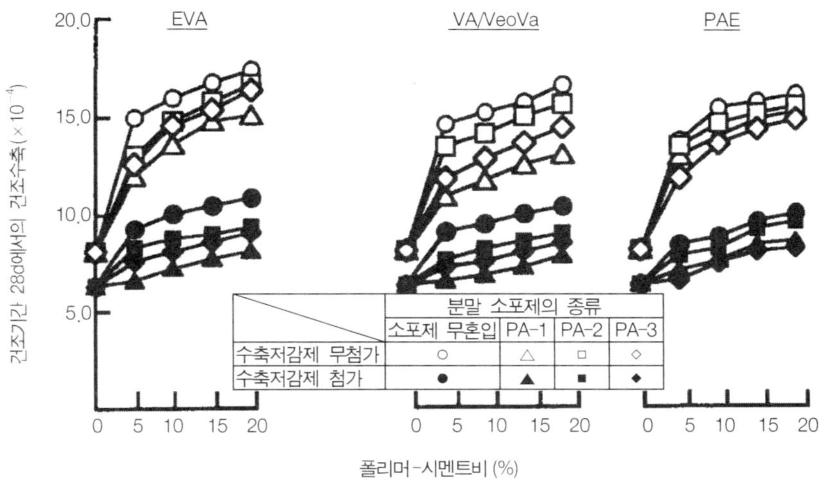

그림 5.21 **건조기간 28d에 있어서의 건조수축과 폴리머-시멘트비의 관계**

3) 재유화형 분말수지 혼입 폴리머 시멘트 모르타르의 성질에 미치는 분말 소포제 및 분말 수축저감제 첨가율의 영향

분말 소포제로 가장 우수한 PA-1의 첨가율을 검토한 결과는 그림 5.22와 같다. 분말 수축저감제를 첨가한 재유화형 분말수지 혼입 폴리머 시멘트 모르타르의 건조수축은 폴리머-시멘트비의 증가에 따라 증대되지만 분말 소포제 및 분말 수축저감제 첨가율의 증가에 수반해 감소한다. 재유화형 분말수지 혼입 폴리머 시멘트 모르타르에 대한 분말 소포제 및 분말 수축저감제의 최적 첨가율은 각각 2.0 및 6.0%이다.

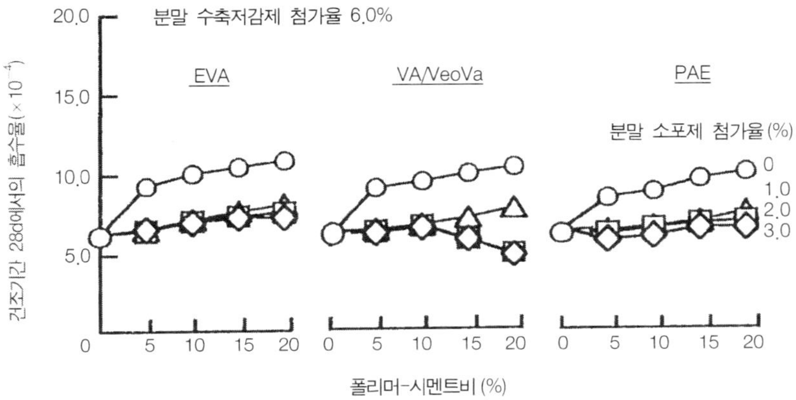

그림 5.22 **건조기간 28일의 건조수축과 폴리머-시멘트비 및 분말 소포제 첨가율의 관계**

참/고/문/헌

1) 科学技術庁：航空・電子等技術審議会諮問第13号に対する答申, pp.1-82, 1989.

2) 三橋博三, 乾 弘泰, 西脇智哉：止水機能を自動的に回復するインテリジェントコンクリートの開発に関する研究, 日本建築学会東北支部研究報告集, No.61, pp.397-400, 1997.6.

3) 沼尾達也, 福沢公夫, 三橋博三：補修材封入による自己修復機能付加に関する基礎的研究, コンクリート工学年次論文報告集, Vol.21, No.1, pp.97-102, 1999.6.

4) 大濱嘉彦, 出村克宣, 越知光一：硬化剤無添加エポキシ樹脂混入ポリマーセメントモルタルにおけるエポキシ樹脂とセメント水和物の相互作用, 日本建築学会東北支部研究報告集, No.62, pp.383-386, 1999.6.

5) 大濱嘉彦, 出村克宣, 内川 浩：硬化剤無添加エポキシ樹脂混入ポリマーセメント系におけるエポキシ樹脂とセメント水和物の相互作用, セメント・コンクリート論文集, No.49, pp.252-257, 1995.12.

6) Ohama, Y. and Demura, K.：Self-Repair Mechanism for Microcracks in Epoxy-Modified Mortars, Proceedings of the Third Asia Symposium on Polymers in Concrete, Tongji University, Shanghai, pp.180-185, 2000.11.

7) 大濱嘉彦, 出村克宣, 西山直洋, 野内清：自己修復及び鉄筋の防錆機能を有するインテリジェントコンクリートの開発, 福島県RSP可能性試験成果報告集, 2003.3.

8) 西山直洋, 三橋博三, 小林利充, 花田南：インテリジェント材料によるセメントの水和熱制御に関する実験的研究, コンクリート工学年次論文報告集, Vol.21, No.1, pp.79-84, 1999.6.

9) 西山直洋, 三橋博三, 小林利充, 花田南, 青木一志：インテリジェント材料を適用したセメントの水和熱制御に関する一考察, 日本建築学会大会学術講演梗概集(中国), A－1材料施工, pp.323-324, 1999.9.

10) 小林利充, 三橋博三, 西山直洋, 花田南：水和熱制御用カプセルを用いたコンクリートの水和熱抑制に関する一考察, 日本建築学会大会学術講演梗概集(東北), A－1材料施工, pp.519-520, 2000.9.

11) 小林利充, 西山直洋, 三橋博三：インテリジェント材料によるコンクリートの水和熱抑制－実構造物への適用に向けた基礎実験, セメント・コンクリート, No.660, pp.40-46, 2002.2.

12) Dry, C.：Smart Building Materials Which Prevent Damage or Repair Themselves, Proceedings of the Materials Research Society Symposium, Vol.276, Pittsburgh, Pennsylvania, pp.311-370, 1992.

13) Dry, C. : Matrix Cracking Repair and Filling Using Active and Passive Modes for Smart Timed Release of Chemicals from Fibers into Cement Materials, Journal of Smart Materials and Structures, Vol.3, No.2, pp.118-123, 1994.

14) 高分子学会：高分子新素材便覧, 丸善, 東京, pp.228-232, 1989.9.

15) 伊藤幸広, 松浦誠司, 辻 正哲：地表面温度低減機能を有するインターロッキングブロック舗装に関する研究, 土木学会論文集, Vol.32, No.544, pp.11-20, 1996.8.

16) 松浦誠司, 伊藤幸広, 辻正哲：都市気候を考慮した舗装に関する一実験結果, 土木学会第46回年次学術講演会講演概要集, pp.88-89, 1991.9.

17) テラコッテム：ホームページ http://www.ikiikigarden.com/t_frame.html.

18) 舌間孝一郎, 辻 正哲：高吸水性ポリマーを使用した漏水および乾燥収縮ひび割れ抑制用混和剤, 第25回セメントコンクリート研究討論会論文集, pp.173-178, 1998.10.

19) 伊藤幸広, 辻正哲, 久保正明：冷却した高吸水性ポリマーを添加したコンクリートに関する研究, 土木学会論文集, Vol.23, No.490, pp.71-80, 1994.5.

20) 工藤定實：高吸水性ポリマーを使用した建設汚泥のリサイクルシステム, Polymers-in-Concrete委員会第76回定例会資料, 42p., 1999.11.

21) 橘 大介, 河野重行, 朝倉俊弘：トンネル覆工背面新充填材料の開発, Polymers-in-Concrete委員会第76回定例会資料, 42p., 1999.11.

22) 出村克宣, 大濱嘉彦, 朱 明基：オートクレーブ養生ポリマーセメントモルタルの強さに及ぼすオートクレーブ養生条件の影響, コンクリート工学年次論文集, Vol.22, No.2, pp.565-570, 2000.6.

23) 朱明基, 大濱嘉彦, 出村克宣：高炉スラグ微粉末を混入したオートクレーブ養生ポリマーセメントコンクリートの強度に影響を及ぼす要因の検討, コンクリート工学年次論文集, Vol.22, No.2, pp.571-576, 2000.6.

24) 朱明基, 大濱嘉彦, 出村克宣：高炉スラグ微粉末を含むオートクレーブ養生SBR混入ポリマーセメントコンクリートの強度性状, 日本建築学会構造系論文集, No.545, pp.1-6, 2001.7.

25) Birchall, J.D., Howard, A.J., and Kendall, K. : Flexural Strength and Porosity of Cements, Nature, Vol.289, No.5796, pp.388-390, 1981b.

26) 後藤誠史, 小谷田秀雄, 安田栄一, 木村脩七：曲げ強さの高いセメントペースト硬化体, セメント技術年報 37, pp.109-111, 1983.12.

27) 大濱嘉彦, 小林利充, 出村克宣：ホットプレス成形によるMDFセメント硬化体の耐水性改善, 材料, Vol.50, No.8, pp.873-876, 2001.8.

28) 長谷川正木, 前田直己, 河野俊夫, 小林忠司, Pushpalal, G.K.D. : 超高曲げ強度を持つ新種ポリマー・セメント複合体の開発, セメント・コンクリート論文集, No.48, pp.820-825, 1994.12.

29) 金完基, 大濱嘉彦, 出村克宣 : 再乳化形粉末樹脂混入ポリマーセメントモルタルの乾燥収縮低減, 材料, Vol.46, No.1, pp.84-88, 1997.1b.

30) 金完基, 大濱嘉彦, 出村克宣 : 粉末収縮低減剤を添加した再乳化形粉末樹脂混入ポリマーセメントモルタルの乾燥収縮及び強さ性状, 日本建築学会大会学術講演梗概集(近畿), pp.787-788, 1996.9.

31) 金完基, 大濱嘉彦, 出村克宣 : 再乳化形粉末樹脂混入ポリマーセメントモルタルの乾燥収縮及び強 さ, コンクリート工学年次論文報告集, Vol.19, No.1, pp.697-702, 1997.6.

32) 遠藤秀彦, 大濱嘉彦, 出村克宣 : 粉末収縮低減剤を添加した再乳化形粉末樹脂混入ポリマーセメントモルタルの性質に及ぼす粉末消泡剤の影響, コンクリート工学年次論文報告集, Vol.23, No.2, pp.163-168, 2001.6.

콘크리트 실무매뉴얼

폴리머 콘크리트 복합체의 제조 및 시공

2013년 5월 5일 1판 1쇄 인쇄
2013년 5월 10일 1판 1쇄 발행

管理主體 사단법인 한국콘크리트학회
서울특별시 강남구 역삼동 635-4
한국과학기술회관 신관 1009호
TEL. 02)568-5984~7
FAX. 02)568-1918

出版普及處 기 문 당
서울시 성동구 무학봉 28길 4-1
(왕십리동 966-22)
TEL. 02)2295-6171(代)~5
FAX. 02)2296-8188

출판등록 1976. 10. 7 (1-44)

홈페이지 http : // 기문당
http : // www.kimoondang.com

I S B N 978-89-6225-492-1 93530

정 가 13,000원